中国粮食价格调控的政策体系及其效应研究

王士海 著

中国农业科学技术出版社

图书在版编目（CIP）数据

中国粮食价格调控的政策体系及其效应研究 / 王士海著. —北京：中国农业科学技术出版社，2016. 12
ISBN 978 – 7 – 5116 – 2871 – 8

Ⅰ. ①中… Ⅱ. ①王… Ⅲ. ①粮食 – 商品价格 – 物价调控 – 研究 – 中国 Ⅳ. ①F762. 1

中国版本图书馆 CIP 数据核字（2016）第 287231 号

责任编辑 徐定娜
责任校对 贾海霞

出 版 者 中国农业科学技术出版社
北京市中关村南大街 12 号 邮编：100081
电 话 (010)82105169(编辑室) (010)82109702(发行部)
(010)82109709(读者服务部)
传 真 (010)82109707
网 址 http：//www. castp. cn
经 销 者 各地新华书店
印 刷 者 北京富泰印刷有限责任公司
开 本 710mm ×1 000mm 1/16
印 张 11
字 数 198 千字
版 次 2016 年 12 月第 1 版 2016 年 12 月第 1 次印刷
定 价 36. 00 元

项目资助简介

本项目受到国家自然科学基金项目（71473253）、国家自然科学基金青年项目（71303141）和中国农业科学院科技创新工程项目（ASTIPIAED－2016－06）资助，特此表示感谢。

一个委托代理难题（代序）

鉴于中国庞大的人口数量，怎样强调粮食安全的重要性都不过分，政府高度重视粮食生产也自然在情理之中。粮食，尤其是小麦、水稻和玉米等大田粮食在消费上具有较低的价格弹性，人们短期内很难改变其消费习惯，因而其需求量应该比较稳定。但是，粮食的供给价格弹性一般要大于消费弹性，特别是在居民食品消费多元化的今天。要想让农民保持种粮热情，必要的价格支持是必不可少的，这正是中国粮食价格支持政策出台的基本依据。然而，价格支持是有代价的，特别是当支持政策用力过猛时。无论是1974年的粮食统购价格的提高，还是1994年和1996年粮食订购价格的提高，带来的都是粮食供给量的相对过剩，以及与此伴随的“卖粮难”和种粮比较效益的回落。

在强力支持政策的作用下，2015年中国粮食生产实现了十二连增，粮食产量与2003年相比增加了1.91亿吨，增幅达44.42%。与此同时，国内粮食市场格局出现逆转，供大于求格局已经形成。在托市政策的作用下，国内粮价持续上涨，粮食加工业营利空间不断压缩。与此同时，全球经济疲软造成国际粮价回落，国内外粮食价格倒挂，中国粮食出口丧失竞争力，而进口数量急剧增加。从2009年至2011年，我国逐渐成为小麦、玉米、水稻的净进口国，大豆进口更是大幅增加。虽然有关税配额屏障和便利的粮食进出口贸易直接管理优势，政府依然无法避免在国内粮食高库存的背景下粮食及其替代品进口量的快速增加。这就形成了一个十分尴尬的局面：一方面大量国产粮食被高价收购入库，另一方面加工企业因成本压力被迫采购国外低价粮食及替代品，粮食过剩与不足同时存在。政府的托市政策投入了大量的财政资金，政策成本越来越高，粮食加工企业和消费者也付出了较高的代价，社会福利损失巨大，矛盾越来越突出。在这种背景下，现行的托市收购政策似乎已经难以为继，改革势在必行。

就目前的情形来看，上述结论应该是正确的。问题归问题，不过是不是到了必须更弦易辙的时候还尚未可知，至少笔者并不这么认为。在动手之前，我们有必要思考这个问题：中国的粮食生产支持政策何以走到这种腹背受敌的地步？经过几十年的粮食流通体系改革实践，尤其是在接受了世纪之交粮改失败之痛后，2004 年国务院颁布了《粮食流通管理条例》，并在之后建立了比较完备的粮食市场调控政策体系。这一体系包括：在粮食集中上市时以最低收购价进行政策性收储（包括临时存储收购），以公开竞价销售来调节市场供给基本面，以进出口调剂余缺，同时借助燃料乙醇产业消耗过储谷物。这一套粮食市场调控政策的设计应该是比较完善的，也基本适应中国粮食市场运行的要求。其突出的表现是在 2007—2008 年全球粮食市场波动中保持了国内粮食价格的基本平稳，为稳定国内经济发挥了极其重要的积极作用。托市收购政策在全球粮价上涨之际出台，在全球粮价波动中趋于完善，最后在全球粮价回落后走向困境。而走向困境的原因在政策执行中，政策强度被不断强化，丧失了根据粮食市场情形进行适时调节的弹性。

要理解这个问题就不能不说中国粮食政策改革的根本病灶。从改革开放开始，粮食流通制度改革一直都是政府工作的重点之一，但始终都没有得到完全解决。其根本原因在于，政策制定者与政策实施者之间的利益并不是完全兼容的，由于信息的不对称，政策实施中的委托代理难题一直都无法有效解决。这种委托代理关系在 2000 年之前体现为中央政府与国有粮食企业（还包括各类国有粮食企业的管理部门）的关系，2000 年之后体现为中央政府与中储粮总公司及地方储备粮管理公司（或单位）的关系。

2000 年之前，政府希望企业可以在粮价低时按照保护价托市收购以保护农民利益，粮食价格过快上涨是抛售储粮以平抑市场价格，而国有粮食企业从自身利益出发则更愿意逆向操作。因此，通过国有粮食企业的粮食吞吐来调节粮食价格的政策存在着一定的制度缺陷，政策实施效率完全依赖于政府的监督和惩戒，无法在根本上解决问题。同时，国有粮食企业既要执行政策职能又要进行粮食市场经营，这就很难避免他们把用于政策粮购买和储备上的钱用于经营活动，把经营活动导致的亏损挂在政策账上，最终由政府兜底。

2000 年中国储备粮公司成立以后，该问题得到一定缓解，但委托代理难题依然存在。在以往的政策实施中出现的腐败问题和“出库难”问题均是该问题的具体体现。委托代理难题只是问题的一个方面，政策的执行者，包括粮食管理部门、中储粮和委托企业，以及地方粮食储备公司已经形成了一个牢固的利益集团。他们的利益共同点便是将不断强化粮食政策，增加收储规模，主管部门增加财政支配权，中储粮强化政策性粮食收储的垄断地位，公司赚取更多储备收入。在这种共同的利益诉求下，利益集团游说决策者不断强化支持水平，严重扭曲了市场信号。近两年争议很大的玉米临储政策就是最为典型的例子。

除了无法消除的信息不对称，回到政策设计本身来看，导致粮食政策委托代理难题的原因还有两个：一是政府粮食政策目标存在偏误，过分强调粮食储备的重要性，这在一定程度上忽视了长期的粮食供给安全；二是现有的最低收购价政策和临储政策规定了执行时间和价格，却没有规定每个周期收购的粮食数量，这就相当于敞开收购，给利益集团自主扩大政策强度提供便利性。针对第一个问题，目前中国政府在强调要藏粮于地、藏粮于技，而不是简单地藏粮于仓。应该说，这是一个具有战略眼光的决策。针对第二个问题，政府目前尚未做调整，这可能是政府担心规定了收储数量将不足以形成托市效应。这里我们需要讨论一下何为托市。在市场供求一定时，政府的政策性购买本身就改变了市场供求关系，市场价格必然会因为这个操作而做出反应，反应时间可能很短，也可能很长，无论长短迟早都会发生。如果一味地强调市场价格必须达到或超过政策价格，就相当于要求政府要对市场供求关系做出无限承诺。这既违背经济规律，也超出了政府的能力。这就是为什么过去三十余年中国粮食政策不断反复的重要原因。

弗里德曼说，天下没有免费的午餐，实际上市场留给中国的粮食政策决策者的选择并不多。任何形式的政策调整都可冠以改革的名头，但并不是所有的改革都是改善，也可能是走一圈弯路。改革也不是将原有的体系丢掉重起炉灶，可能适当调整某些环节就能让中国粮食政策这列动车继续有效运行若干年。

以上内容是笔者以后想要研究的问题，已经超出了本书的研究框架。本书主体来自于笔者的博士学位论文，所讨论的内容是 2012 年及以前的中国粮食价格调控政策，当时社会各界对这套体系的褒扬多于批评。在做博士学位论文时，由于学业不精，笔者对不少问题的分析存在明显的瑕疵，工作以来又对这些问题进行深入的研究，本书算是对以往工作的补充和完善。需要特别说明的是，本书中的一些观点可能有失偏颇，纯属一己之见，如有不当之处，文责自负。虽有的观点不甚成熟，但仍然呈现给读者，希望能与大家共同交流探讨。

在本课题的研究中，本人的博士生导师李先德研究员在课题的选题、研究框架和思路上给予了充分的指导，师兄马晓春，师姐宗义湘，师妹王盛威、赵明在数据收集和整理上提供了不少帮助。

在本课题的研究中，研究生赵承强、齐萌萌、王秀丽、王欢做了大量文字编辑工作，同事杨学成教授花费了几天时间审读书稿并提出了宝贵修改意见，在此一并表示感谢。

本书的出版可以看成是笔者对以往的研究经历做的一个阶段性小结，并希望在此基础上重启新的征程。

王士海

2016 年 8 月

目录

第1章

绪　论　/1

1.1　研究背景　/3
1.2　基本思路和结构安排　/4
1.3　研究方法与数据介绍　/6
1.4　可能的创新与不足之处　/7

第2章

中国粮食价格政策体系概述　/9

2.1　中国粮食政策沿革　/11
2.2　中国粮食价格调控政策体系的构成　/17
2.3　全球粮食危机背景下中国粮食价格调控政策的基本表现　/20
2.4　粮食价格调控政策体系的经济学机理　/28

第 3 章

粮食最低收购价政策的托市效应 /33

3.1 最低价政策的经济学特性及其普遍性 /35
3.2 中国实施最低价政策的战略意义 /41
3.3 中国粮食最低收购价实施现状 /42
3.4 粮食最低收购价的政策效应——DID 分析 /45
3.5 最低收购价对市场价格的影响——面板数据模型 /50
3.6 小　结 /53

第 4 章

政策性粮食竞价销售对市场价格的平抑效应 /55

4.1 政策性粮食销售政策的演变历程 /57
4.2 政策性粮食竞价拍卖的制度设计 /62
4.3 政策性粮食拍卖政策的执行 /66
4.4 竞价拍卖的政策效应 /73
4.5 政策性粮食拍卖对市场价格的影响——以小麦为例 /76
4.6 小　结 /87

第 5 章

粮食国际贸易政策的价格调控效应 /89

5.1 粮食贸易与国际贸易政策概述 /91
5.2 中国粮食贸易概况 /95
5.3 粮食进口政策对粮食价格调控的影响 /98

5.4 出口限制措施的政策效应 /105
5.5 小　结 /109

第 6 章

燃料乙醇的粮食价格调控功能 /111

6.1 燃料乙醇与粮食价格 /113
6.2 中国燃料乙醇的发展现状 /117
6.3 燃料乙醇发展对粮食价格影响的数理模型分析 /119
6.4 燃料乙醇对粮食生产结构的影响及可控制因素 /123
6.5 小　结 /126

第 7 章

政策体系的优化选择 /129

7.1 中国粮食价格调控政策的代价 /131
7.2 粮食价格调控政策改革的现实约束 /136
7.3 政策体系的优化选择 /141
7.4 小　结 /148

第 8 章

研究结论与展望 /149

8.1 研究结论 /151
8.2 研究展望 /152

主要参考文献 /155

第1章 绪论

1.1 研究背景

萨缪尔森曾引用熊彼特的话说道，在经济学中离开价格和物与物交换的比例，留给我们的就没有什么别的东西了。毫无疑问，价格问题是经济学最核心的问题之一，无论研究什么经济学问题或现象，都不可能绕开价格。同时，粮食是人类生存和发展最基础的商品，粮食安全问题（或者粮食供求均衡）也一直是各国历代决策者们高度关注的问题。正是因为价格和粮食的极端重要性，关于粮食价格的讨论就不可避免地成为经济学领域的一个重要问题。早在亚当·斯密 1776 年发表的《国民财富的性质和原因的研究》(即《国富论》）中就有对英国政府在 1772 年颁布的《谷物法令》的详细讨论。亚当·斯密之后的古典经济学家对该问题的讨论一直得以延续，大卫·李嘉图还由此发展了自己的比较优势理论。进入 20 世纪以来，粮食价格政策也一直是应用经济学研究的热点领域。尽管现代粮食政策的经济学研究所讨论的好多问题已经在理论层面得到了充分的讨论，但是现实世界的复杂性和非经济因素干扰的普遍存在使得粮食价格政策的实证研究存在重大的现实意义。

虽然两个多世纪过去了，亚当·斯密所批评的限制粮食进口以保持国内高粮价等诸如此类的保护农业生产者的政策依然在世界大部分国家普遍存在。然而，亚当·斯密的分析却很难能解释 200 多年后的问题。大部分实施粮食贸易干预政策的国家并不是像当年英国那样的粮食出口国，相反大部分是粮食进口国。价格管理和贸易干预的目的除了保护农民利益外，更主要的是要保护本国的粮食生产能力，以保障本国拥有稳定可靠的粮食供给能力。在贸易自由化程度高度发达的今天，这些贸易限制政策之所以普遍存在，那是因为粮食自给能力较弱的国家对国际粮食市场稳定性和贸易通道安全性普遍存在担忧。毕竟，非经济动因的出口限制甚至禁运是客观存在的，一些曾经的粮食自给国在完全涌入国际粮食市场后陷入粮食不安全境地的例子也不少见。这种担忧因 2007—2008 年的全球粮食危机而得到很大程度的强化。在持续了近 30 年的动态走低之后，主要粮食品种国际价格在 21 世纪开始上涨，并且在 2008 年上半年达到峰值。2008 年 3—4 月与 2006 年 3—4 月相比，小麦价格上涨 122%，大米价格上涨 162%，玉米价格也上涨一倍。尽管 2008 年下半年全球粮食价格急剧回落，但是回落后的价格仍处于历史高位。粮价上升使得全球粮食安全问题恶化，饥饿人口不断增加。据统计，由于粮价的飙涨，2007 年全球饥饿人口比 2003—2005 年增加了 7 500万，达到了9.23亿，2008年进一步增加到9.63亿人。因粮食价格上涨引发社会动荡的国家超过了30多个，主要是粮食进口国。虽然国际市场粮食价格已经从高位回落，但由于粮食市场因价格形成机制的复杂化而变得十分不稳定。2010年下半年的干旱使得国际粮食价格再次上涨，全球粮食安全问题依然是一个国际社会高度关注的问题。

对于中国这个拥有13亿人口的大国来说，粮食的重要性是不言而喻的。从有历史记录以来中国人民就在丰稔和饥荒的循环中不断地验证着人口和粮食生产能力之间的残酷关系。实际上中国真正摆脱饥饿也只是20世纪80年代的事。漫长历史中一次次的饥荒记录使得中国人在粮食安全问题上形成了根深蒂固的忧患意识，即使在粮食供给状况十分良好的今天，“手中有粮心里不慌”作为一种群体文化依然根植于人们心里。目前中国已经摆脱了饥饿的威胁，但粮食供给能力并没有乐观到完全让人放心的水平。城镇化和工业化对劳动力资源和土地资源的汲取，资源、生态环境与气候变化对粮食生产条件的约束，贸易自由化对粮食生产能力的挑战，以及动荡的国际局势和国际市场对粮食进口稳定性的威胁等一系列问题都使得中国未来的粮食供给存在很大的不确定性。

尽管经济学家将粮食安全问题主要理解为长期的粮食供给问题，但这并不意味着短期的粮食价格问题就不重要。即使不考虑粮食价格的相对稳定对于保障家庭层面粮食安全的重要性，让粮食价格保持在使得粮食生产者有利可图的水平本身就是保障长久粮食生产能力的基础。这种观点对于那些缺粮国和粮食供求关系相对紧张的国家而言应该是成立的。正是基于这种观点，本书将粮食价格调控作为研究内容。粮食价格调控政策牵涉到粮食政策的方方面面，想在一篇论文中讨论所有的环节是不可能的。本书将讨论的重点放在2004年以来形成的新的粮食价格政策体系上。

1.2 基本思路和结构安排

在一个封闭经济中，一国粮食市场价格由该国的粮食供给和需求共同决定。政府如果想对粮食价格的运行实施干预只要对市场需求方或者供给方进行间接或直接的影响即可。在开放经济中，政府调控粮食价格的工作除了调控国内粮食需求和供给外，还要对粮食的进口和出口实施干预。这两个方面构成了粮食价格调控政策的两个方面：国内政策和边境政策（或称贸易政策）。粮食价格调控说到底就是当国内市场供大于求时采取增加需求的政策，在供不应求时采取增加供给的政策，进而实现粮食的供给和需求量在时空上实现动态平衡，避免粮食价格的过大波动。粮食价格调控政策有没有效果主要看增加需求和增加供给的政策有没有对粮食市场价格形成实际影响力。如果增加粮食需求的政策的确可以对粮食市场形成托市的效果，或者增加粮食供给的措施的确对市场价格的上涨态势构成抑制作用，则可以认为这些措施都是有效的。目前中国政府实施的增加粮食需求的手段有以最低价收购价收储粮食、增加出口或限制进口和通过发展燃料乙醇消耗粮食，增加粮食市场短期供给的手段有通过拍卖增加粮食供给和增加进口或限制出口等。因此，本书所讨论的政策工具的有效性就是要考察这些政策对粮食市场价格的影响情况。

基于现有的研究成果和本论文的研究目的，本书拟从以下几个方面展开研究。

1.2.1 粮食价格调控政策的形成、政策体系及作用机理

讨论新中国成立以来中国粮食价格政策的演变过程，并且分析导致政策变革的社会、经济和国际环境，指出新时期粮食价格宏观调控政策构建的必要性；剖析粮食价格调控的政策体系，详细介绍粮食价格调控政策的政策目标和政策工具，根据既有研究成果分析各个政策工具的作用机理；分析全球粮食危机中国内外粮食市场价格的不同表现从而大致判断粮食价格调控政策的有效性。本部分旨在对粮食价格调控政策概况做以交待，为下面研究各政策工具对价格的影响做好铺垫。

1.2.2 粮食最低收购价政策的托市效应

最低收购价政策能否在粮食市场价格低于政府规定的价格时起到托市的效果主要要靠政府的购买行为有没有影响市场价格。本部分将利用多省面板数据分析最低收购价对不同地区粮食价格的影响差异。小麦、稻谷、玉米和大豆的市场价格在多大程度上受到了最低收购价的影响，以及最低收购价如何影响市场价格是本部分需要讨论的问题。

1.2.3 政策性粮食拍卖政策对市场价格的平抑作用

在本部分将详细讨论中国政府政策性粮食销售的制度沿革历程及其逻辑，介绍政策性粮食拍卖的制度安排和具体交易细则及其变化情况。详细描述小麦和籼稻拍卖的运行情况，包括拍卖规模、拍卖价格、成交率等。利用小麦和籼稻周度数据，利用双差分模型讨论拍卖政策对粮食市场价格的影响。最后以小麦为例讨论拍卖价格与市场价格之间的关系，小麦拍卖规模与市场价格之间的关系等。

1.2.4 粮食贸易政策对供给与市场价格波动的影响

粮食出口和进口政策是不是在粮价调控中起到了作用是本部分要讨论的内容。论文首先梳理中国粮食进出口政策演变历程，并且分析政策变化的国内和国际环境，介绍中国粮食贸易现状。讨论进口关税配额管理的实施现状以及其使用率偏低的原因。重点分析了粮食进出口对国内粮食市场价格的影响，该部分以小麦为例，就进出口政策对价格的影响进行实证分析。最后讨论了谷物出口限制对国内价格的影响情况。

1.2.5 中国燃料乙醇的粮食价格调控作用

分析全球燃料乙醇产业的发展状况，以及燃料乙醇产业的发展对全球粮食价格走势的影响。介绍中国燃料乙醇产业的发展历史、发展规模以及发展所引发的争论。为了讨论燃料乙醇产业发展对粮食价格的影响，在本部分，本文通过数理模型讨论了燃料乙醇发展规模与粮食价格和汽油价格之间的关系，以及燃料乙醇的粮食增产效应。在讨论燃料乙醇发展对农业经营结构的影响时本文利用最优化模型讨论了影响燃料乙醇发展的各种因素。

1.2.6 粮食价格调控政策的优化选择

该部分首先分析了粮食价格调控政策导致的社会福利损失和财政支出代价，从而指出粮食价格调控政策改革的必要性。但是由于中国粮食价格调控政策的改革面临众多现实约束，取消或降低政策力度都是不可行的。在该部分最后将针对各政策运行现状提出一些政策调整建议。

1.3 研究方法与数据介绍

1.3.1 研究方法

本项目拟采用的研究方法如下。

历史和文献研究法。通过对已存在的历史资料和相关文献的深入研究，梳理中国粮食价格政策的演变历程，利用这些信息去描述、分析和解释粮食价格调控政策形成的历史逻辑。通过文献阅读和研究，对其他国家的粮食政策进行了分析；

实证研究法。采用现代计量经济学和统计学方法，对统计数据进行研究，探究各经济变量之间的经济联系和经济发展的客观规律；

政策模拟法。对于那些无法获取相关数据或者实证分析难以解释本质规律的问题，本研究需要构建或扩展一些模型来模拟各变量之间的内在联系。

1.3.2 数据介绍

本书主要通过以下几个渠道获取本研究所需的数据。

各品种粮食的周度价格数据均来自“中华粮网”旗下“数据中心”网站。“数据中心”网站的数据由中国储备粮管理总公司“全国粮油价格监测系统”安排的报价单位定期上报，具有很强的时效性，能够较为精确地把握个品种粮食在报价区的变化情况。其缺点也较明显：一是报价区域覆盖面没有涵盖所有区域，可能无法反应全国的情况；二是数据的可靠性很容易受到报价员个人特性的影响。但是总的来说这组数据要比平均后的全国数据更有说服力。只是这组数据的获得需要付费。

一些国际市场或国际粮食相关的数据来源于三个数据库：一是联合国粮农组织数据库，二是世界银行数据库，三是美国农业部数据库。具体情况可参加具体的数据来源。这些数据均是开放的。

一些政策性粮食的数据来源于“中华粮网”旗下网站“数据中心”网站或者相关的主管部门。

还有一些数据来源于相关统计年鉴。

1.4 可能的创新与不足之处

本书可能的创新之处包括两个方面：一是利用最新的数据对粮食价格调控政策的实施效果和政策工具的有效性进行了比较系统的评价和分析，并且得出了一些具有启发性结论。目前为止，笔者尚未检索到类似的系统研究，这为本文的写作提供了空间；二是在双差分模型的运用方法上进行了一点新的尝试。双差分模型作为一种政策分析方法已经得到了较为普遍的运用，本书在模型的运用方式上进行了一些尝试。

受限于笔者研究的能力和该问题本身的复杂性，本书存在着很多不足之处，主要表现为几点：一是对粮食价格政策工具的分析不够充分，特别是对一些政策实施细节的了解不够清晰，这使得本书部分内容的讨论显得语焉不详；二是分析方法和工具还较为简单，对于一些潜在的问题的挖掘还不够深入；三是所使用的数据可能存在一定片面性，得出的结论也可能难以真正全面地反映全国的情况。这些不足之处也正是笔者将来需要努力的方向，下一步将继续收集数据和学习新的数据处理方法，将该问题的研究进一步深化。

第2章 中国粮食价格政策体系概述

存在于过去的现在必将孕育伟大的将来。任何合理的政策都不是凭空产生的，粮食政策更是如此。中国粮食价格调控政策脱胎于粮食市场化之前的粮食政策，甚至可以追溯至先秦时代的粮食管理制度。如此久远的政策手段并没有因为时代的变化而丧失活力，相反它依然在中国的粮食政策体系中扮演者重要的角色。

2.1 中国粮食政策沿革

2.1.1 新中国以前的粮食政策

粮食价格问题并不是经济学产生以后才出现的，在中国漫长的历史中，先人管理粮食价格的政策所体现出来的经济思想直到现在都闪耀着智慧的光芒。

在西周和春秋前期，封建领主政权较为稳固，而从事粮食贸易的自由商人量小力弱，政府可以利用行政手段对市场实施干预以保障粮食供给。根据《说苑·修文》记载，周代奉行自由贸易，统治者一般允许粮食价格自由波动，“以观民之所好恶，志淫好僻”（刘向，2009）。尽管周统治者秉持着自由贸易的理念，但并不排斥非常情况下的价格管制。《周礼·地官司徒第二》记载：“凡天患，禁贵儥，使有恒贾。”如果市场供给不足时，则由专管市场物价的“贾师”根据“利者使阜”的物价管理原则，“起其价以征之”，即规定比较高的市场价格，吸引销售者来市贸易（钱玄注，2001）。

随着商品经济的发展，新型自由商人的力量不断增强，其影响粮食市场的能力不断增强，周代原有的利用行政力量左右粮价的效力减弱。为了防止粮贵伤民和粮贱伤农，先秦统治者开始利用粮食储备来调控粮食价格，比较有名的有范蠡“平粜法”和李悝的“平籴法”，《史记·货殖列传》对此有明确的记载。范蠡认为“夫粜，二十病农，九十病末。末病则财不出，农病则草不辟也。上不过八十，下不过三十，则农末俱利。平粜齐物，关市不乏，治国之道也”（司马迁，2007）。据《汉书·食货志》记载，战国时魏国李悝也认为“籴甚贵伤民，甚贱伤农。民伤则离散，农伤则国贫，故甚贵与甚贱，其伤一也。善为国者，使民毋伤而农益劝”（班固，2000）。因此，二者均主张政府直接干预市场贸易，当粮价过低时以稍高的价格收购粮食，等到粮价过高时再以较低的价格抛售粮食，以实现“农末俱利”或“民毋伤而农益劝”。范蠡实行的“平粜法”和李悝的“平籴法”分别对于越国十年后灭吴和魏国的强生起到了很大作用。

无论是范蠡“平粜法”还是李悝的“平籴法”都只是他们各自主政时

实行的政策，在其后更长的时期里，他们的主张更多的是作为一种思潮和偶尔实行的政策而存在。真正把这种思潮和偶尔采用的政策制度化则发生在汉朝。汉宣帝时，“岁数丰穰，谷至石五钱，农人少利”，谷贱伤农的景象重现。大司农中丞耿寿昌请就近收众关内贱谷以取代关东酒粮，果然取得京师粮足而省费的结果。《汉书·食货志》载：“寿昌遂白令边郡皆筑仓，以谷贱时增其贾而来，以利农，谷贵时减贾而粜，名曰常平仓。民便之。”耿寿昌以后，常平仓制度兴废不常。由于它多少能够发挥备荒赈恤、调剂粮价、稳定民心的作用，因而为历代封建统治者所重视，就制度本身而言是日趋系统细密。隋初没义仓，因设在里社，又称社仓，其业务属于民间贮粮互助性质。唐时义仓作为常平仓的辅佐形式存在，一定程度上减轻了政府的常平仓业务负担。清代在州县设常平仓，市镇设义仓，乡村设社仓，名目有异，采择各不相同，但平粜思想不曾改变。直到民国时期，社仓仍然是农村社区应对饥荒的重要手段。

由于社会动荡和连年战乱，除了一些地方政府和社会力量继续建设和经营社仓以外，民国政府大部分时期并没有出台较为明确的粮食价格政策。抗战爆发后，中国军队在战场上连遭败绩，中国最富裕的东部地区及南部的大部分地区相继丢失。受此影响，国内市场物资匮乏，人心恐慌。为了将有限的物资集中起来而发挥最大的效益，南京国民政府被迫对几乎所有的商品物资进行管制，统购统销也就成为其面对危难时局不得已而为之的唯一的、最佳的选择。为了对粮食实行统购统销，国民政府主要采取了三方面的措施：专门成立粮食部，并改行“田赋征实法”，规定田赋统一由中央管理，以让国家掌握更多的粮食；对军民实行粮食配给制；对粮食实行平准价，并对市场粮价进行限制。政府对粮食的统购统销，虽然没能从根本上消除粮食的供不应求并杜绝粮食的投机行为，但对保持战时正常的粮食需求和稳定军民心发挥了十分重要的作用（杨德才，2004）。

2.1.2 由市场到计划的嬗变

从新中国成立一直到1953年底实行粮食统购统销政策之前，政府对粮食市场的干预主要是对市场交易关系的调整，以稳定粮食市场价格为目标。政府可以运用的主要政策工具包括增加粮食收购、储备以及调控粮食市场供应量、限制私人粮商的经营行为及其市场经营份额，乃至对严重的操纵市场行为给予法律制裁等。但总体上，这一时期粮食政策工具的运用没有改变或动摇粮食市场的自愿性和竞争性的交易关系，而是相对改善了粮食市场的价格形成机制，稳定社会对粮食价格的预期。在1950—1952 3年间，私营粮商和农民销售的粮食占到市场总交易量的60%～70%。然而，新政权成立后尖锐的供需矛盾和复杂的政治环境使得政府的粮食政策很快发生了转变。

首先，新中国成立初期，除了非正常情形的灾民救济和应付战争需要之外，粮食的常规性供应需求压力也在迅速上升。随着国家的解放，需要由政府供应粮食的军队和政府人员规模正在不断增加；刚解放的新生政权还需要接收大批国民党旧政权下工作过的人员，政府也要确保其粮食供应。陈云是这样分析对这部分人员提供粮食供应的必要性的："全部接收在旧政权下工作过的人员，粮食或财政上的压力很大，但是，裁了这部分人，让他们失业，没有饭吃，问题更大……对旧人员的训练、改造和使用，这个包袱不能不背，不能光从财政和粮食着想"（陈云，1984）。与此同时，一些原来依赖进口粮的大城市，由于海上被敌封锁，进口粮源断绝，这些城市粮食需求转向国内，也在很大程度上增加了国内粮食需求。

其次，尽管新政权可以利用储备粮的吞吐来调控市场，但是由于政府储备粮规模不大，还难以形成对粮食市场的控制。私营粮商利用市场紧缺进行投机、囤积居奇、哄抬物价的情况不断出现。仅在1949年4月—1950年2月不到1年的时间里，全国就发生了4次大的粮食价格波动（1949年4月、7月、11月和1950年春节期间），而且每次粮价上涨总是带动其他商品物价全面上涨，整个社会商品物价处于剧烈的动荡之中。1950年9月美军在朝鲜仁川登陆的消息一传到国内，北京的粮食交易所就出现了2 000多人抢购粮食和粮食价格上涨的情形。此后，从1952年9月开始，抢购粮食现象在河南、江苏、江西和山东等地先后发生，引起粮价波动。而1953年春这些地方的霜灾则再次引发并波及其他许多省份地区发生粮价上涨危机（赵发生，1988）。粮食危机的频繁出现严重影响到新政权的稳定。

最后，尽管全国粮食产量由1949年的1.13亿吨增加到1952年的1.64亿吨，增幅达45.1%，但人均粮食占有量也只有285千克，处于较低水平。农民在粮食产量增加以后首先选择的是增加自己的家庭消费。另外长期的饥饿在广大人民心中留下深深的阴影，大多数农民为了防备灾害把增产的粮食储备起来，有的囤积惜售。因此，粮食增产并没有带来商品粮同等比例的增加。与此同时，私营粮商变相提价等方式向农民购粮以图抬价牟利。私商的参与进一步增加了政府利用农业税征实的手段控制粮食的难度，也提高了通过市场购买扩大粮源的成本。为了完成粮食征购任务，政府加大了粮食征购力度，进而引发了一些矛盾。有些地区反革命分子公开或暗中破坏粮食征购工作，杀害征粮工作人员。据不完全统计，当时为征收公粮而牺牲的干部在

3 000人以上（赵发生，1988）。

一方面是不断增加的粮食需求，另一方面是商品粮收购计划无法完成。这种局面对政权的稳定和经济的发展产生了重大影响。陈云同志在1952年秋的全国粮食会议上作“关于粮食统购统销”讲话时说：“如果继续采取自由购买的办法，我看中央人民政府就要做‘叫花子’，天天过‘年三十’”（陈云，1984）。因此，当时“从根本上找出办法来解决粮食是全党刻不容缓的任务”（薄一波，1997）。在这种情况下，中共中央于1953年10月16日通过了《关于实行粮食计划收购与计划供应的决议》，决议规定：“（1）在农村向余粮户实行粮食计划收购（简称统购）的政策；（2）对城市人民和农村缺粮人民，实行粮食计划供应（简称统销）的政策，亦即是实行适量的粮食定量配售的政策；（3）实行由国家严格控制粮食市场，对私营粮食工商业进行严格管制，并严禁私商自由经营粮食的政策；（4）实行在中央统一管理之下，由中央与地方分工负责的粮食管理政策。上述四项政策，除少数偏僻地区和某些少数民族地区之外，必须全国各地同时实行。”《决议》还指出“上述四项政策，是互相关联的，统一不可的。只实行计划收购，不实行计划供应，就不能控制市场的销量；只实行计划供应，不实行计划收购，就无法取得足够的商品粮食。而如果不由国家严格地控制粮食市场，和由中央实行统一的管理，就不可能对付自由市场和投机商人，且将由于人为的粮食山头的相互对立，给投机商人以更多的捣乱机会，结果计划收购和计划供应亦将无法实现”（张晓涛，王扬，2009）。

无论是从统购统销政策出台的背景还是政策出台的目的看，完全放弃自由市场也是当时保障商品粮供给一个无奈的选择。至于该政策出台的初衷是不是为了服务于国家的重工业优先发展战略仍有待商榷，但从计划经济时期统购统销的效果来看，它的确起到了汲取农业剩余支持工业化的作用。在统购统销的框架下，政府垄断农产品收购，并通过城市的票据制度控制粮食和其他农产品的销售，从而实现低粮价。粮食统购统销政策的利弊得失并不是本文关注的问题，相关研究也已经十分丰富。但有一点需要强调，统购统销政策在某种程度上实现了政府期望的掌控粮源，保障粮价稳定的目标。政府通过行政手段替代市场力量实现粮食价格稳定的管理方式在这个时期达到了登峰造极的水平。既然取缔了市场就不存在粮食价格弹性，政府需要做就是在强制农民交易的同时强制农民生产。于是政社合一的人民公社制度、强大的意识形态的灌输和具有一定补偿性质的农村社保制度与农资低价政策共同构成了统购统销政策的必要补充，从而造就了持续二十余年的低粮价时代。

2.1.3 由计划到市场的回归

改革开放以来粮食政策改革的侧重点虽然是流通，但核心却是价格改革。从 1979 年到 2004 年，中国的粮食价格政策一直在“一统就死”和“一放就乱”之间徘徊，经历了极为艰难的改革历程。

2.1.3.1 统购统销基础上的提价

低粮价政策和人民公社的低效率使得粮食产量难以满足国内的粮食需求。1978 年和 1979 年中国粮食净进口分别由以前的不足 500 万吨迅速增加到 695 万吨和 1 071万吨，粮食供不应求日趋严重。为了提高农民种粮积极性，1979 年中国政府在继续执行统购统销政策的同时将夏粮统购价格提高 20%，超购部分在新的统购价基础上加价 50% 收购。新政策使得全国主要粮食平均统购价格提高了 20.86%，粮食产量高速增长，6 年间（1978—1984）增产 1/3 左右。人均粮食占有量由 1978 年的 319 千克提高到 1984 年的 393 千克，接近世界平均水平，新中国成立以后持续 30 年的粮食低水平供应紧张的状况得到根本缓解。粮食的增产导致中国出现了“粮食低水平相对过剩”现象，粮食库容不足，3 000万吨以上的粮食露天存放（高小蒙，向宁，1992）。

2.1.3.2 双轨制时期的市场化探索

与此同时，虽然粮食统购价格提高了但统销价格并没有变化，政府粮油副食补贴由 1978 年的 56 亿激增至 1984 年的 321 亿，占当年政府预算的 21%，财政压力陡然增加。政府已经无能力将农民要卖的粮食全部收购上来。为了应对粮食相对过剩难题，中国政府在 1985 年 1 月进行粮食政策调整，决定取消粮食统购实行合同订购，订购价格是原先确定的统购价和超购价的加权平均值，权重分别为 30% 和 70%。调整后的政策允许农民在完成合同规定的售粮任务后将余粮在自由市场上销售。1985 年的改革还规定当粮食市场价格低于原统购价时，国家应该按照原统购价敞开收购农民粮食以保护农民利益，这实际上是后来实施的保护价的雏形。1985 年的改革将过去粮食的强制性收购变为了商品交换性质的合同收购，明确了农民生产决策的自由权，还第一次确立了自由市场交易的合法性（柯炳生，1995）。由于原统购价格低于具有边际调节意义的超购价，新政策确定的订购价格实际上低于当时市场价格，政府引导粮食减产的意图十分明显。为了减轻粮食库存压力，1985 年 4 月政府将以征粮为主要形式的农业税改为折为现金征收。1985 年全国粮食产量果然减产，幅度达 6.92%。粮食价格在此后两年迅速回升，合同订购价和市场价之间的差价拉大，而政府又无力提高粮食订购价格，为了掌握粮源，1985 年底政府再次启用以征粮为主的农业税制度，恢复了粮食订购的强制性。与此同时政府还提出了“逐步缩小合同订购数量，扩大市场议购”的方针，最终确立了由政府强制性低价收购和低价供应与一般市场交换共存的“双轨制”政策。1986 年和 1987 年两次大幅度调减粮食合同定购任务，扩大议购比重。1990 年实行的粮食收购最低保护价制度和专项粮食储备制度对保护农民粮食生产积极性，防备灾荒，调剂余缺，增强宏观调控能力，保证粮食市场供应和粮价基本稳定起到了重要作用。这一时期，在定购范围内，由政府主导粮食价格，在议购范围内则由市场主导粮食价格，粮食交易逐步向市场主导型转变。为了解决粮食购销价格倒挂带来的财政赤字问题，1991 年政府开始提高粮食销售价格，1992 年基本上实现了购销同价。

2. 1. 3. 3　现代粮食调控体系的初步构建

在粮食供给情况变得相对宽松的前提下，1993 年政府确定了放开市场价格和放开经营的等取消“双轨制”的改革目标。但 1993 年底出现的通货膨胀、1994 年的粮食减产和本币贬值带动粮食的大量出口使得粮食价格大幅上涨。放开粮食经济后经济主体多元化使得政府调控粮食价格的难度进一步加大。为了控制粮食价格的保证政府粮食收购，1994 年政府规定除承担国家粮食收购任务的单位和具备规定资格并经核准的粮食批发企业外，其他单位和个人都不许到农村直接采购粮食，1993 年开启粮食市场化改革进程受阻。为了缩小粮食市场价格和定购价格间的较大差距、刺激粮食生产，1994 年和 1996 年，中央两次提高了定购价格，两次粮食提价幅度均在 40%以上。提价等因素刺激了粮食增长，1993—1997 年，总产量增加 3 768 万吨，年平均增长率为 2%。粮食增产后，农民再次面临着“卖粮难”问题。为了一方面按保护价敞开收购农民的余粮保护农民利益，另一方面防止国有粮食收购企业发生亏损，政府在 1998 年实行以按保护价敞开收购农民余粮、粮食收储企业顺价销售、农业发展银行收购资金封闭运行和加快国有粮食企业改革为组成内容的“三项政策一项改革”粮食政策，同时粮食垄断收购，严格禁止未经批准的任何企业和个人参与粮食收购。但是由于粮食保护价高于市场价格，政府粮食库存危机加剧。同时由于粮食销售没有被垄断，部分地方并没有完全执行保护价政策，大量粮食以低于保护价的价格流入市场并拉低市场价格，政府的顺价销售计划实施难度加大，这使得粮食企业亏损增大，政府的粮食补贴高居不下，仅 1999 年就高达 600 多亿元。

2.1.3.4　现代粮食价格调控体系的形成

为了缓解政府库存压力和财政压力，从2000年开始部分地区和部分粮食退出保护价。2001年政府在部分粮食主销区进行了市场化改革，此后改革得以推进，到2003年6月，全国31个省、自治区、直辖市粮食价格完全放开的有16个，粮食统购统销制度彻底结束。2004年颁布的《粮食流通管理条例》标志着中国粮食政策进入一个新的时代。

粮食政策的沿革历程见图2－1。

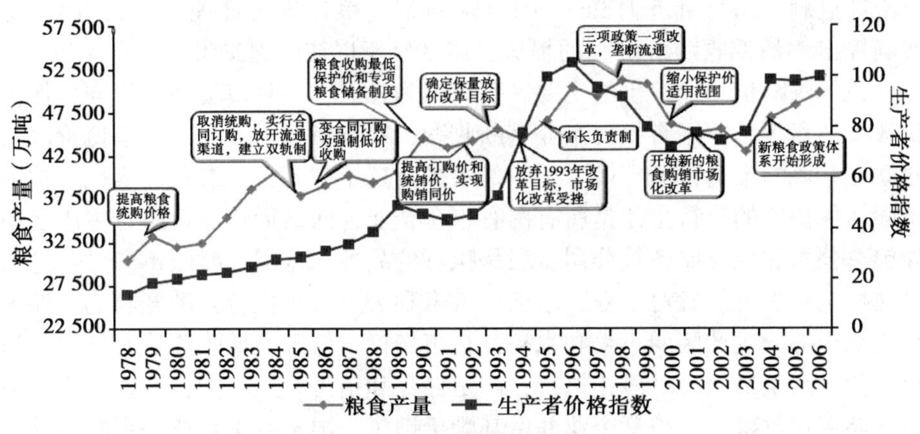

图2－1　粮食政策的沿革历程

2.2　中国粮食价格调控政策体系的构成

从2004年开始中国政府领导人对于农业的认识发生根本性的改变，相应的农业政策也发生了根本性的变化。2004年起中国开始进行农业税减免试点，2006年最终结束了中国延续几千年的对农业征税的历史。2005年中国政府提出的社会主义新农村建设任务标志着中国走出了重城轻乡的历史阶段，中国的农业政策进入了新的世纪。与此相应的，粮食价格政策已经成为了农业和农村发展政策的有机组成部分，逐步构建起由储备粮吞吐、粮食进出口政策和生物能源发展政策为主体的相对完善的粮食价格政策体系。其中储备粮吞吐有包括粮食最低收购价和储备粮竞价拍卖制度。

2.2.1　最低收购价政策

粮食最低收购价政策是1985年出台的粮食保护价政策的延续。1985年1月1日中共中央、国务院在发布的《关于进一步活跃农村经济的十项政策》提到"定购以外的粮食可以自由上市。如果市场粮价低于原统购价，国家仍按原统购价敞开收购，保护农民的利益。”此时的统购价已经具备了粮食保护价的功能，这应该是粮食最低收购价政策的雏形。1990 年出台的《国务院关于加强粮食购销工作的决定》首次明确提出“由各省、自治区、直辖市参照中央议购指导价格，制定本地区议购粮食的最低保护价”。由于统购价和议购指导价一般低于市场价，以上两文件确定的保护价并没有真正起到“保护”作用。保护价真正起作用发生在 1996—1997 年，当时政府制定的保护价明显高于市场均衡价，起到明显的托市效果，但也造成了粮食的阶段性过剩。2004 年 5 月 26 日国务院颁布《粮食流通管理条例》，第一次明确提出“最低收购价格”的提法，以区别于以往的保护价。

最低收购价和保护价的主要区别表现为几点：一是市场环境不同，保护价政策的执行基于国有粮食企业垄断收购，粮食市场封闭运行。最低价政策建立在开放的粮食市场环境下，收购主体实现了多元化；二是政策执行主体不同，保护价的执行主体是所有国有粮食企业，而最低价政策执行主体是中储粮总公司和地方储备粮公司；三是执行的品种、范围和时限不同，保护价是在指定保护价的省对小麦、水稻、玉米和大豆常年执行，敞开收购。保护价仅限于部分主产区的小麦和水稻，在市场价格低于最低收购价时执行，当市场价格高于最低价时停止执行；四是储存和销售方式不同，保护价收购的粮食储存在收粮国有粮食企业并由其顺价销售，国家给予企业一定的超储补贴。按最低价收购的粮食由中储粮和地方储备粮公司负责临时保管，保管费用和利息补贴由国家负担，并由国家粮食局组织在指定批发市场按照顺价销售的原则公开竞价销售。

2005 年国家首次启动籼稻最低收购价预案，2006 年开始启动小麦最低收购价预案。2004—2007 年，稻谷最低收购价预案执行范围包括吉林、黑龙江、安徽、江西、湖北、湖南、四川七省，2008 年实施范围扩大到 11 个省（区），新增辽宁、江苏、河南、广西壮族自治区（全书简称广西）四个省（区）。自 2006 年以来，小麦最低收购价执行范围一直未变，包括河北、江苏、安徽、山东、河南和湖北六个省。2008 年以后，国家分批次在玉米、水稻、大豆和油菜籽主产区实施国家临时存储收购，实际上将玉米和大豆再次纳入政策调控范围。

2.2.2 政策性粮食竞价拍卖政策

2004 年通过的《粮食流通管理条例》指出“国家实行中央和地方分级粮食储备制度。粮食储备用于调节粮食供求，稳定粮食市场，以及应对重大自然灾害或者其他突发事件等情况”。当时国家并没有对如何销售储备粮制定明确的方针，直到2006 年才在出台的《国家临时存储粮食销售办法》中提出要采取竞价销售的办法。《办法》规定临时存储粮竞价销售底价由财政部原则上按照最低收购价加收购费用和其他必要费用确定，并根据国家宏观调控需要和市场供求情况择机调整。实际交易价格不得低于公布的销售底价。这实际上继承了 1998 年确定的储备粮顺价销售的精神，避免粮食欠账，降低粮食价格调控成本。

2005 年起国家指定有关企业按最低收购价收购农民要求出售的稻谷和小麦。为做好这部分政策性粮食销售工作，国家粮食局要求有关机构建立全国粮食现货竞争交易系统，以安徽国家粮食交易中心为中心市场，山东、江苏等主产省粮食批发市场为分市场，构建全国跨地区粮食现货交易平台。同时郑州粮食批发市场和河南省粮食交易物流市场独立承担河南省最低收购价小麦销售任务。全国粮食竞价交易平台面向全国客户提供多市场交易服务，具有强大的远程交易功能。在交易平台构建之初，计划市场每周交易日上午8：30准时开市，周三竞价交易稻谷、周四竞价销售小麦，周一、周二、周五全天挂牌销售，做到了常年常时公开竞价销售。目前交易品种不仅包括稻谷和小麦，还包括玉米、大豆和植物油等，交易时间也发生了一定调整，一般以相关部分要求为准，但基本可以做到常年常时销售。

2.2.3 粮食国际贸易政策

加入 WTO 以后，中国对粮食国际贸易政策进行了一定调整。在市场准入方面，中国取消非关税政策，大幅降低农产品关税。根据入世承诺，2005—2007 年间，中国农产品最惠国平均关税税率保持在 15.3% 的水平，2008 年降低到 15.1%。中国对主要的谷物如小麦、玉米和水稻实行关税配额管理，配额内关税税率在配额内 1% ~10%，对大豆实行单一关税管理。在出口方面，中国政府已承诺取消全部出口补贴，但保留了出口税。自2001 年底以来，中国政府主要采取了另外两项相关政策：一是取消铁路建设基金，二是出口退税。中国政府自 2002 年 4 月 1 日对铁路运输的稻谷、小麦、大米、小麦粉、玉米、大豆等征收的铁路建设基金实行全额免征。据研究，国家免征的铁路建设基金占总运输费用的30% ~40%。2002 年4 月1 日，国务院批准对大米、小麦和玉米实行零增值税税率政策，并且出口免征销项税。2005 年新的出口退税政策又补充规定，对小麦粉、玉米粉等农产品的加工产品还提高了退税率，由 5% 调高到 13%。

长久以来，粮食进口和出口一直是调节国内粮食供求关系的一个重要杠杆，特别是在国内粮食产量供给不足时。不过由于中国部分谷物产品在部分年份也会出现过剩，在1998到2008十余年中，只有2004年因2003年谷物减产大幅增加进口外，大部分年份的谷物仍处于净出口状态。鼓励出口一直也是政府的既定政策。

2.2.4 燃料乙醇发展政策

为了解决粮食过剩带来的问题，政府在20世纪末开始尝试发展以陈化粮为原料的燃料乙醇产业。经过十年左右的发展，以粮食为原料的燃料乙醇产业已经初具规模，成为调节粮食价格的有效手段。随着粮食价格的不断上涨，以粮食为原料的生物质能源发展受到限制。财政部于2006年5月颁布的《可再生能源发展专项资金管理暂行办法》中，就将生物乙醇燃料定位为用甘蔗、木薯、甜高粱等制取的燃料乙醇。2007年8月公布的《可再生能源中长期发展规划》提出不再增加以粮食为原料的新的燃料乙醇项目，生物质能源发展转向“非粮”领域。

尽管燃料乙醇的发展广受诟病，但作为一种具有巨大潜力的产业，燃料乙醇必然还会随着未来石化能源的短缺而得以发展。目前政府只是限制了燃料乙醇产业的继续扩张，但并没有终止该项目的探索。一旦国际粮情发生变化，将燃料乙醇作为调节国内粮食供求关系的一种手段也是可行的。

除了以上几种经济手段外，政府在实际市场管理中往往会采取直接的价格干预来控制粮食价格上涨。在通胀发生时，作为基础商品的粮食及制品必然处于涨价的最前端，而粮食及制品的涨价在很大程度上侵蚀着消费者的购买力，同时助推通胀预期。在这个时候政府往往采取一些行政性的限价措施，例如强制规定某些食品不准涨价，利用政府权威要求主要粮食及制品企业不涨价并保证市场供给等。此类措施在短期内可以遏制物价上涨，特殊情况下具有一定必要性，但其对市场的发展的破坏力也是有目共睹的。鉴于价格行政干预与基本的市场逻辑相悖，绝大部分市场经济国家都排斥这种做法，加之这种做法也不是中国未来粮食价格政策改革的方向，因此，本论文并没有把该问题纳入研究范围。

2.3 全球粮食危机背景下中国粮食价格调控政策的基本表现

中国粮食价格调控政策从2004年开始建立，到2008年基本完善。在这段过程中，爆发了全球性的粮食危机，这为检验中国的粮食调控政策的有效性提供了一个难得的机会。在持续了近30年的动态走低以后之后，国际粮食价格在新千年开始上涨，并且在2008年中期达到峰值，此后又急速回落。由供求失衡及粮价飙升带来的粮食危机不仅使得全球粮食安全状况不断恶化，也引起了部分国家和地区的社会动荡和政治危机。伴随其后的金融危机使得粮食危机造成的危害进一步放大，使得全球粮食安全的不确定性进一步增强。

2.3.1 国际粮市场的波动情况

此次粮食危机的突出特点有以下两个方面。

2.3.1.1 短期内价格急剧上涨快速回落，并在高位震荡

从过去几十年农产品的价格走势来看，FAO 的数据显示，国际粮价以及其他农产品的价格呈现不断下降的趋势。而近几年价格却持续上涨，本次粮价上涨主要是从 2006 年年初开始的，一直到 2008 年的上半年。尤其是 2007 年年中到 2008 年年初粮价上涨最为迅猛。2008 年 3—4 月与 2006 年 3—4 月相比，小麦价格上涨 122%，大米上涨 162%，玉米上涨一倍，大豆上涨 98%。2008 年 3 月，美国硬红麦的价格达到 439.7 美元/吨，玉米的价格在同年 4 月达到最高，为 246.6 美元/吨。大米市场波动最为明显，2007 年价格虽然一直处于上升态势，但大幅飙升却是在 2008 年初短短的 2～3 个月。如泰国破碎率为 5% 的大米价格在 2008 年 1 月时为 376 美元/吨，3 月时就涨到 594 美元/吨，4 月更是达到 907 美元/吨，平均上涨 140% 以上。在 2008 年的前 3 个月里，全球所有主要农产品的国际名义价格达到了近 50 年的最高值，实际价格达到了近 30 年的最高位。

从 2008 年中开始，国际市场上各品种粮食价格先后快速回落。根据世界银行商品数据库的资料，2008 年 12 月，大米的价格已经下降到 531.3 美元/吨，小麦的价格下降到 220.1 美元/吨，玉米的价格下降到 158.3 美元/吨，大豆价格下降到 360 美元/吨。尽管如此，回落后的国际粮价仍然处于较高的水平。如小麦的价格比 2004 年 1 月的价格高 32.3%，大米高 150%，玉米高 37%。进入 2009 年以后，国际粮价又出现较大震荡，呈现出震荡上行的趋势。据 FAO 统计显示，美国硬红冬小麦半年涨价 34%，美国 2 号黄玉米半年涨价 49%，大米价格在进入 2009 年以后价格还算稳定，而大豆的价格却上涨了 53%。经合组织（OECD）和粮农组织（FAO）在一份报告中预测，今后 10 年粮食及其他农产品价格仍会维持较高水平。

2.3.1.2 粮价剧烈波动

世界主要谷物品种的价格存在很大波动性。图 2－2 反映的是 2006 年 2 月至 2009 年 6 月间小麦、大米、玉米和大豆价格的月变动情况。由图 2－3 可知，即使在价格飙升期间，小麦和玉米的价格在单月之间也出现巨大的波动。相对而言，大米的单月间价格波动要小得多，但在 2008 年上半年的前

几个月波动剧烈。一般来说，市场对粮食消费需求单月之间不会出现很大差异，因此，这种变化不能完全用消费与生产之间的关系进行解释。

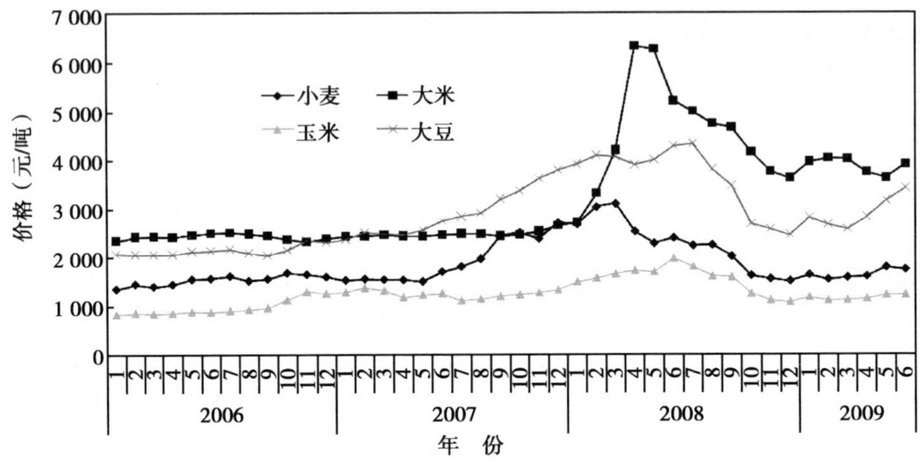

图 2－2 国际粮食价格走势

数据来源：FAO 数据库。

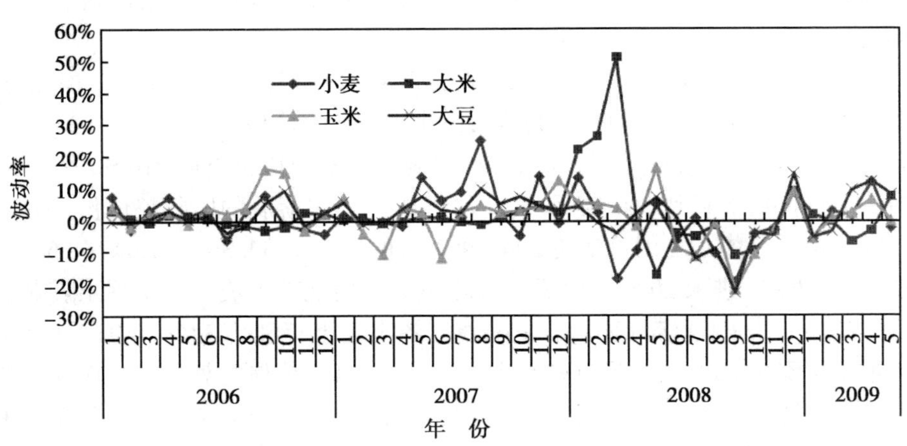

图 2－3 国际粮食价格月度波动情况

数据来源：FAO 数据库。

2.3.2 粮食危机爆发的原因

关于导致粮食危机因素的探讨是近两年国际学术界的热点，但是目前似乎还没有得出一个被广为接受的结论。一般的观点认为影响粮食价格上涨的因素有：原油价格的上涨、生物燃料的发展、低粮价导致的生产不足、中国和印度等新兴国家增加的粮食需求、美元贬值、市场投机和主要出口国的贸易政策等诸多方面。

2.3.2.1 原油价格上涨和生物燃料的发展

原油价格上涨和生物燃料的发展一般被认为是此次粮食价格上涨的主要驱动力。在20世纪70年代的粮食危机中，原油价格上涨也起到了很大作用，主要表现为以石油为基础的农资产品的上涨和粮食国际运费的上涨。而原油价格在此次粮价上涨中的作用除了以上影响外，还表现为高油价催生了燃料乙醇的发展，而燃料乙醇发展的谷物需求进一步改变了国际粮食市场的供求格局。从长期趋势看，原油价格与食物价格指数之间存在着同势的变动，尤其是在2007—2008年间，二者的变动特征几乎是完全一致的（图2-4）。

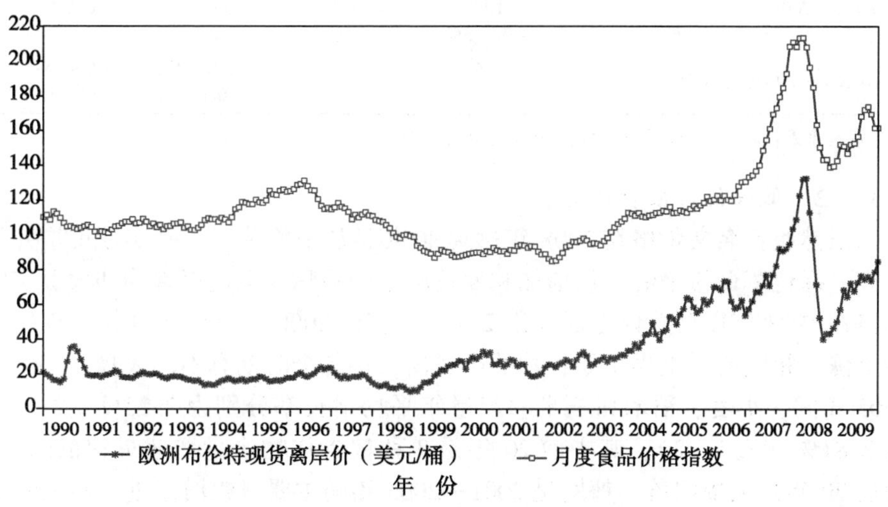

图2-4 原油价格和食物价格指数变动情况

资料来源：美国能源信息管理署，FAO数据库。

生物燃料被认为是20世纪70年代粮食危机所未曾遭遇的新事物。一般认为，生物燃料对粮油作物的消耗是推动此次粮食价格上涨的主要力量。在全球范围内，2007年世界玉米总消费量中约有12%被用来生产乙醇。在欧盟，估计2007年成员国菜籽油产量中约有60%被用来生产生物柴油，约占当年世界总产量的25%，占全球菜籽油总贸易量的70%。然而，生物燃料的发展并不能完全解释粮食价格的波动。尽管美国燃料乙醇在2009/2010年度消耗的玉米比上个年度增加了20%，达到11 177万吨，但国际玉米价格还是大幅度下跌了。对于生物燃料在多大程度上推动了粮食价格上涨这个问题，不同的组织和学者有不同的观点（表2－1）。

表2－1　生物燃料导致粮食价格上涨幅度观点汇总

来　源	估计值	商　品	时　段
世界银行（2008年4月）	75%	全球粮食指数	2002年1月—2008年2月
国际食物政策研究所（2008年5月）	39%	玉米	2000—2007年
	21%～22%	大米、小麦	2000—2007年
经合组织—粮农组织（2008年5月）	42%	粗粮	2008—2017年（预测）
	34%	植物油	2008—2017年（预测）
	24%	小麦	2008—2017年（预测）
Collins（2008年6月）	25%～60%	玉米	2006—2008年
	19%～26%	美国零售粮食	2006—2008年
Glauber（2008年6月）	23%～31%	商品	2007年4月—2008年4月
	10%	全球粮食指数	2007年4月—2008年4月
	4%～5%	美国零售粮食	2008年1—4月
Scott Baier（2009年3月）	27%	玉米	2006年6月—2008年6月
	21%	大豆	2006年6月—2008年6月

资料来源：联合国粮食与农业组织秘书处及作者整理。

2.3.2.2　低粮价与粮食产量

虽然粮食名义价格在2008年达到30年的历史峰值，但其实际价格并不算高。绿色革命带来的产量增加和发达国家的补贴政策使得谷物和大豆实际价格在1973年以后总体走低（图2－5），直到2000年以后才开始出现恢复性上涨。相应的，世界主要谷物的产量增长在各个时期有不同表现。1965—2005年间，小麦、稻米和玉米的产量年平均增长率分别为2.23%、2.27%和2.81%（表2－2），其中前20年是3种粮食作物产量增速最快的时期，而后20年则大幅回落。特别是2001—2005年间主要口粮增速进一步大幅放缓，其中小麦和稻米的年平均增长率只有0.45%和0.19%。尽管玉米产量增速在1996—2005年间有所提高，但三者总产量增速在2001—2005年间处于40年来的低位。需求增加加之产量增速回落使得1998—2007 10年间有6年谷物产量小于使用量，需求短缺只能由谷物库存来补充。1995年以来全球库存水平平均每年下跌3.4%，在2007/08年度，世界谷物的库存消费比例为19.6%，明显低于24%的五年平均值，甚至比2006/07年度的20%还要低。全球谷物市场的供给偏紧对价格带来上涨压力。

表 2－2　各时期主要谷物产量年增长率

项　目	1965—2005	1965—1975	1976—1985	1986—1995	1996—2005	2001—2005	2006—2008
小　麦	2.23%	3.69%	3.20%	1.25%	0.81%	0.002%	2.00%
稻　米	2.27%	3.11%	3.00%	1.55%	1.10%	0.25%	2.16%
玉　米	2.81%	3.94%	3.21%	1.76%	2.32%	1.78%	4.64%
谷物合计	2.43%	3.57%	3.14%	1.62%	1.42%	0.69%	3.01%

数据来源：作者根据美国农业部数据库提供的数据计算而得。

2.3.2.3　中国和印度等新兴国家新增粮食需求的影响

国际食物政策研究所的一项研究指出，一些发展中国家快速的经济发展提升了中产阶级消费者的购买力，从而拉动了对肉类、奶类等畜产品的需求，最终也拉动了对饲料粮的需求（IFPRI，2008）。新兴经济体，特别是中国和印度，的确对全球农产品供求关系产生很大影响。随着中国和印度经济的发展，两国的食物消费量确实有了很大增加。但是自 20 世纪 80 年代以来两国谷物进口量一直以年均约 4% 的速度下降，在危机爆发的前几年中已经从 80 年代初的每年约 1400 万吨下降为每年约 600 万吨（其中中国是谷物净出口国）。这就意味着，这两个国家的谷物饲料需求增长主要是靠国内生产解决的。另外，虽然中国已经成为油料、植物油和畜产品进口大国，但自 20 世纪 90 年代中期以来的多数年份中，其总体农产品贸易基本上保持着顺差。更为主要的是，在国际谷物和大豆价格急剧上涨之前，两国并没有出现突然增加进口的动作（同样，国际粮价大落之时中国也没有减少大豆和大豆油的进口）。虽然不能忽视中国和印度等新兴经济体需求增加对粮食价格上涨的影响，但是这种影响应该是渐进的，无法解释国际粮食价格的大涨大跌。

2.3.2.4　其他因素

投机因素、美元贬值和贸易政策也被认为是粮食危机爆发的诱因。投机既包括投机资本在粮食期货市场上的投机，也包括粮食贸易商和生产者的粮食囤积行为。粮食贸易商和生产者的粮食囤积行为对市场价格的影响不难理解，关于投机资本的作用却仍存有争议。一些研究人员认为投机资本是推动粮价上涨的重要力量（Von Braun，Torero，2009），而有些学者则不以为然。国际货币基金组织（IMF）的一项研究甚至认为，总体上看，是高价格吸引了投资资本流向农产品期货市场。尽管这一因果关系仍有待研究，不过更为现实的情况很可能是投机资本的流入和高粮价互为因果：粮价的上涨预期诱使投机资本流入，而投机资本的流入则进一步推升了粮价从而形成更大的涨价预期。在二者的相互作用下，粮价螺旋式上涨，直至市场崩盘。由于美元是大多农产品的标价货币，美元贬值显然会影响农产品的市场价格。长期来看，美元指数（USDX）与谷物价格指数之间存在显著的负相关关系。由图2－5可知，2007—2008年间，尽管美元指数与谷物价格之间的关系部分满足上述论断，但毕竟不完全吻合。谷物价格波动并不能完全由美元走势来解释。20世纪70年代的粮食危机中美国禁止1 000万吨谷物的出口和此次危机中二十多个国家的出口限制都在一定程度上推动了两次粮食危机的爆发。然而，尽管2008年下半年大部分限制粮食出口的国家并没有改变既定政策，粮食价格依然出现了戏剧性的大跳水。

图2－5　美元走势与谷物价格变动

注：小麦为美国2号硬红冬小麦墨西哥湾离岸价，玉米为美国2号黄玉米墨西哥湾离岸价，大豆为美国1号黄大豆墨西哥湾离岸价。

数据来源：FAO国际商品价格数据库、中国人民银行。

通过以上分析，我们会发现，即使是那些被普遍接受的影响因素也很难单独解释2007—2008年粮食价格的剧烈波动。此次粮食价格的波动实际上是这些因素的共同作用和叠加的结果，但现有条件下我们也很难对它们各自的作用进行清晰的解析。

2.3.3　危机造成的影响及国际社会的反应

此次全球粮食危机对发展中国家，尤其是那些粮食不安全程度较深的发展中国家造成了很大冲击。粮农组织（FAO）的报告显示，2006年以后，由于全球飙升的高粮价，使得2007年全世界食物不足人数又比2003—2005年期间增加7 500万，达到9.23亿，2008年的饥饿人数进一步增加至9.63

亿。为了减少粮食危机对发展中国家的影响，国际社会做出了很大努力。2008年年底，世界粮食计划署（WFP）实施了390万吨的粮食援助，共花费了38.2亿美元；世界银行在2008年中期启动12亿美元的全球粮食危机反应计划（GSRP）；FAO在2008年6月提出了一个17亿美元的应对粮价上涨倡议；国际农业发展基金（IFAD），亚洲开发银行（ADB），非洲开发银行（AFDB）和美洲开发银行（IADB）都采取相应措施应对这一危机。为了应对全球粮食危机，联合国组建了全球粮食危机高级别工作队（UNHLTF）；2008年，从4月到12月，由联合国、世界银行和G8发起的各种有关粮食危机的主要国际会议几乎每月一次；2009年1月西班牙举办了"粮食安全高级别会议"；2009年2月由OECD的"发展援助合作理事会（DAC）"和"全球农村发展捐赠平台（Global Donor Platform for Rural Development）"联合举办了高粮价的政策对话；2009年7月八国集团和其他一些国家及国际组织的领导人共同发表《拉奎拉粮食安全倡议》，表示将采取行动来保证全球粮食安全，并决定在今后3年里为此提供200亿美元资金。

2.3.4 中国政府的应对粮价上涨的措施

为了应对国际粮食市场剧烈波动对中国安全的影响，中国政府在危机爆发前后做了一些政策安排或调整。

2.3.4.1 强化粮食自给率，加强粮食生产能力建设

国际高粮价带来的冲击进一步强化了中国政府的粮食安全意识和忧患意识，提高了对粮食安全重要性的认识。特别是一些粮食出口国在高粮价下的自保行为让政府认识到保持粮食基本自给的必要性。在此背景下，中国政府于2008年11月公布了《国家粮食安全中长期规划纲要（2008—2020年）》，不仅提出了粮食生产目标和主要任务，而且也提出要实行最严格的耕地保护制度和最严格的节约用地制度。

2.3.4.2 提高粮食最低收购价，开展临时收储

为了提高农民种粮的积极性，政府相关部门在2008年上半年两次提高粮食最低收购价的情况下，又于2008年10月发布了提高2009年粮食最低收购价的决定。2009年小麦提价幅度达到13%～15.3%，提价后红麦和混麦价格为1 660元/吨，白麦价格为1 740元/吨；稻谷提价幅度为16%～17%，提价后早籼稻价格为1 800元/吨，中晚籼稻价格为1 840元/吨，粳稻价格为1 900元/吨。为了保护种粮农民的利益，2008年上半年和2008年10月以后，中国政府在部分产区对玉米、稻谷和大豆实行了国家临时收储。这些措施使得国内粮价在国际粮价下跌的背景下继续保持坚挺。

2.3.4.3 限制粮食出口，保障国内供给

由于国际市场价格的上涨，2007年头11个月中国的玉米出口量同比劲增85.3%至487万吨，大豆出口量同比增加23.8%至40万吨，大米出口量微升5.8%至113万吨，小麦出口量翻一番至185万吨。2007年12月政府陆续取消了粮食及其制粉出口退税，对小麦、玉米、稻谷、大米、大豆等原粮及其制粉共57个产品征收5%~25%的出口暂定关税，对小麦粉、玉米粉、大米粉等11个产品实行出口配额许可证管理。这一措施不仅保障了国内粮食供应，而且也打破了国内粮价上涨预期，抑制了国内粮食市场的投机行为，避免了国内粮价的大起大落。

2.3.4.4 生物质能源发展政策转型

随着粮食价格的不断上涨，以粮食为原料的生物质能源发展受到限制。在财政部2006年5月颁布的《可再生能源发展专项资金管理暂行办法》中，就将生物乙醇燃料定位为用甘蔗、木薯、甜高粱等制取的燃料乙醇。2007年8月公布《可再生能源中长期发展规划》，提出不再增加以粮食为原料的新的燃料乙醇项目，生物质能源发展转向“非粮”领域。

2.3.5 中国政府粮食调控政策的效果

在国际粮价大幅上涨的背景下，中国主要粮食产品价格也有所上涨，但总体态势相对稳定。在小麦、大米、玉米和大豆4种主要粮食产品中，小麦和大米的国内价格变动相对独立于国际市场，基本保持上涨态势；大豆与国际市场的关联度最大，其价格变动基本上与国际市场价格同步进行，先涨后跌而且幅度较大；玉米与国际市场的关联度介于小麦、玉米和大豆之间，价格变动与国际市场价格一样，呈现出先涨后跌的特点。目前，除了国内大米低于国际市场价格以外，其他三种粮食产品均高于国际市场价格。粮价的走高刺激了粮食生产，使得近两年粮食持续增产，国家层面的粮食安全状况良好。

总之，中国政府现行的粮食价格调控政策保证了本国的粮食供给，为控制国内粮食价格，避免出现过度上涨提供了物质保障。

2.4 粮食价格调控政策体系的经济学机理

本部分讨论的问题是为什么政府会将储备粮的吞吐和粮食进出口政策作为粮食价格调控政策的核心。燃料乙醇政策是一个近些年才受关注的影响因素，本书将拿出单独的章节讨论该问题。

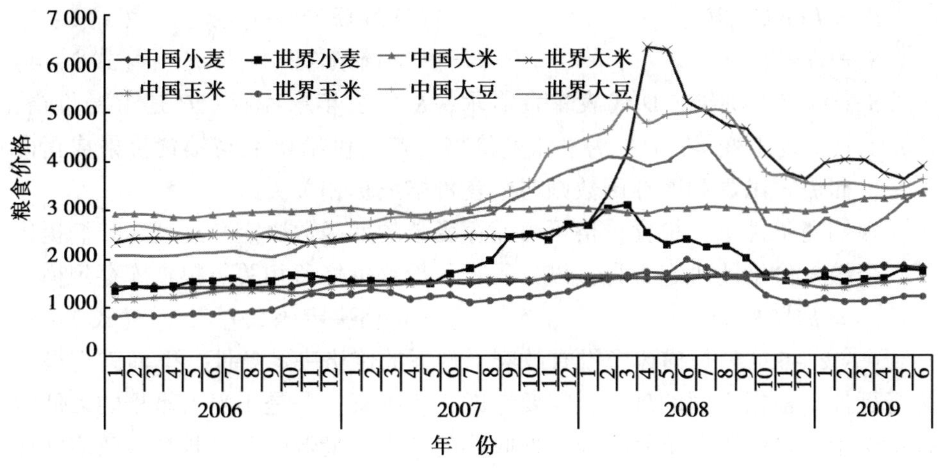

图 2－6 中外粮价变动比较

数据来源：国际价格来自世界银行商品数据库；国内价格为全国批发市场成交价格。

2.4.1 粮食价格决定模型

粮食价格调控的目的是让粮食价格保持在一个合理的水平，而粮食价格又是由市场供求关系决定，因此，调控市场价格就是要调控市场粮食的供给和需求。一般而言，粮食市场供给来自本国粮食生产和进口，粮食需求来自于各类需求力量，如口粮需求、饲料需求、出口需求和工业加工需求。在没有政府力量的干预下，粮食的价格由供求双方决定。下面首先讨论没有政府作用下的粮食价格决定基本模型。

粮食价格决定基本模型是一个基于完全竞假设条件下的有库存的均衡模型，Labys Walter C. （1979）曾对该模型有具体研究，本书在 Labys 模型的基础上进行了修正。首先是粮食供给模型，我们假设农民按照简单预期进行生产决策，即粮食产量是上一期价格的函数，而粮食进口量取决于本年度本国粮食价格与国际价格和运费之差；粮食的口粮需求是本年度粮食价格的函数。而饲料需求则是上一年度价格的函数，因为畜牧业的发展规模往往取决于上年度畜牧业价格的规模，因此作为引致需求的饲料粮需求自然就会是上年度价格的函数。粮食出口需求是国际价格与国内价格和运费之差的函数；在没有政府介入的情况下，粮食库存只是价格的函数。当市场出清时，价格形成的均衡条件是粮食供给等于需求加上库存。

$$S = f(p_{t-1}, p_t - p_{f\,t} - fre, z) \qquad \text{（供给函数）} \qquad \text{（式 2－1）}$$

$$D = g(p_t, p_{t-1}, p_{f\,t} - p_t - fre, z) \qquad \text{（需求函数）} \qquad \text{（式 2－2）}$$

$K = h(p_t, z)$　（库存模型）　（式2-3）

$S = D + K$　（均衡条件）　（式2-4）

S 表示粮食供给，D 代表粮食需求，K 代表年末库存，P 是市场价格，Z 表示其他外生变量。P_{t-1} 为上年度价格。粮食供给函数与粮食价格成正向关系，而需求函数和库存函数则与粮食价格成负相关关系。

在均衡条件下，粮食价格可由库存函数的反函数决定，这就给我们提供了一个粮食价格的决定方程，该方程表示粮食价格负相关与粮食库存规模。

$p_t = h^{-1}(K, z)$　（价格决定函数）　（式2-5）

（式2-5）只是描述了没有政府干预下的价格决定条件。下面就把模型进行延伸。根据中国的现实，需要考虑3个因素：一是小麦、水稻的最低收购价。由于最低收购价具有保护性收购的特点，最低收购价越高，政府掌握的粮食库存就会越大；二是政府粮食储备规模。政府的粮食储备是多年累计的结果，为了描述政府粮食储备对价格的影响需要将该因素引入；三是本国粮食贸易净关税税负。

引入粮食贸易关税以后，相应粮食供给和需求函数需要进行将转化为如下形式：

$S = f[p_{t-1}, p_t - p_{f\,t} - fre, (tar_i + tar_e) - (tar_{f\,e} + tar_{fi}), z]$　（式2-6）

$D = g[p_t, p_{t-1}, p_{f\,t} - p_t - fre, (tar_i + tar_e) - (tar_{f\,e} + tar_{fi}), z]$

（式2-7）

其中，tar_{fi} 为外国粮食进口税率，tar_{fe} 外国粮食出口税率，tar_e 为本国粮食出口税率，tar_i 本国粮食进口税率。（$tar_{fi} + tar_{fe}$）为外国粮食出口到中国的总税负，（$tar_e + tar_i$）为本国粮食出口总税负，（$tar_e + tar_i$）－（$tar_{fi} + tar_{fe}$）表示本国粮食出口相对税负。粮食供给与相对税负成正相关关系，粮食需求与相对税负成负相关关系。若本国粮食出口相对税负为正，则粮食出口困难，进口容易，国内粮食供给增加而需求减少。

同时，需要对粮食库存形成的条件做出重新考虑。实际上一国粮食库存除了有本国生产形成外，粮食的进出口同样影响库存。例如中国政府就市场进口粮食并转入专储粮，并利用其调节市场价格。因此，在引入最低收购价 P_g 后，更符合现实的粮食库存函数应该为：

$K = h[p_t, p_{t-1}, p_g, p_t - p_{f\,t} - fre, (tar_i + tar_e) - (tar_{f\,e} + tar_{fi}), z]$（包含最低收购价政策的粮食库存函数）　（式2-8）

有（式2-8）可以推导出新的粮食市场价格决定函数：

$$p_t = h^{-1}[K, p_{t-1}, p_g, p_t - p_{f\,t} - fre, (tar_{f\,i} + tar_e) - (tar_{f\,e} + tar_i), z]$$

（式 2－9）

价格与粮食库存成负相关关系，与最低收购价成正相关关系。为了突出反映政府粮食储备的作用，特引入政府粮食储备变量千克，则价格决定函数表示为：

$$p_t = h^{-1}[K, p_{t-1}, p_g, K_g, p_t - p_{f\,t} - fre, (tar_i + tar_e) - (tar_{f\,e} + tar_{fi}), z]$$

（式 2－10）

（式 2－10）描述了国内粮食价格的形成机理，以及政府经济干预措施对价格的影响。从政府的角度将，政府可以利用最低收购价政策，调节政府储备粮规模，调节粮食进出口税率等政策来调控国内粮食价格。而这些手段也是大部分干预粮食市场的国家普遍适用的经济手段。

2.4.2 影响调控效果的关键环节

通过影响国内粮食市场的需求和供给来调控粮食价格是世界主要国家进行粮食价格调控的通用手段，对于中国而言，该手段能否奏效需要考察几个关键环节。

一是最低收购价政策能否真正起到托市效果，或者在多大程度上起到了托市效果。2005 年开始实施粮食最低收购价政策以来，国内粮食市场价格出现明显的上涨，而同期国际市场也处于上涨阶段。到底国内粮食价格的上涨是最低收购价造成的，还是由国际市场引致的是考察粮食价格调控政策有效性的一个重要问题。

二是储备粮竞价拍卖手段能否真正起到平抑市场价格或者可以在多大程度上影响市场价格。粮食竞价拍卖作为政府投放粮食库存的一种方式既保证了市场粮食供给的增加，又有利于实现顺价销售。但是，以顺价销售为前提的竞价拍卖方式到底在多大程度上起到了平抑市场价格的作用仍是一个需要讨论的问题。

三是粮食进出口政策有没有起到调控市场价格的作用。中国是一个大豆净进口国，而谷物基本可以保持出口，目前实行的粮食进出口政策是不是真的可以调节粮食的进出口。

四是燃料乙醇发展政策在多大程度上影响了粮食市场价格，政府转变燃料乙醇发展政策有没有必要，将来能否将其作为一项调控粮食市场价格的重要手段。

五是粮食价格调控政策走向何处。

以上问题基本上决定了粮食价格调控政策实施的效果，解决以上问题也成为本书的题中之意。

第3章 粮食最低收购价政策的托市效应

将粮食最低收购价政策作为第一项政策进行讨论是因为它是整个粮食价格调控政策体系的起点，也是政府控制粮源的主要手段。该手段有没有效果直接决定着粮食价格调控政策体系的有效性，最低收购价政策作为粮食价格支持政策的一个重要形式能否在粮食市场价格低时起到托市的效果是评价最低收购价政策的重要指标。要讨论粮食最低收购价政策的效果就必须从认识该政策的基本经济特性开始。

3.1　最低价政策的经济学特性及其普遍性

3.1.1　最低价政策的经济学特性

粮食最低价政策是一种价格支持政策。所谓价格支持政策是指通过政府干预将农产品价格维持在一定水平或一定价格的政策。政府的干预手段既包括制定粮食的最低价并利用行政手段保障最低价政策的实施，也包括通过在粮食市场进行政策性购买来影响粮食市场的供求关系。

政府的最低价政策向来是古典和新古典经济学家所批判的。一般而言，最低价政策能否发挥作用主要看政府制定的最低价是否高于均衡价，一旦最低价高于均衡价，该政策就会导致市场机制的部分失灵，影响到资源的合理配置。如图 3 -1 所示，在没有政府干预时，市场出清价格和数量分别为 P_0 和 Q_0。当政府将粮食最低价设为 P_1 时，最低价高于均衡价格，市场供给量 Q_2 大于市场需求量 Q_1，故而市场将会出现剩余。然而，以上分析基于两个假设：一是人们对于粮食的价格弹性较大，会对粮食价格细微变化做出明显的反应；二是经济中存在粮食生产能力的过剩，同时农民对于粮食价格的反应也较为敏感。

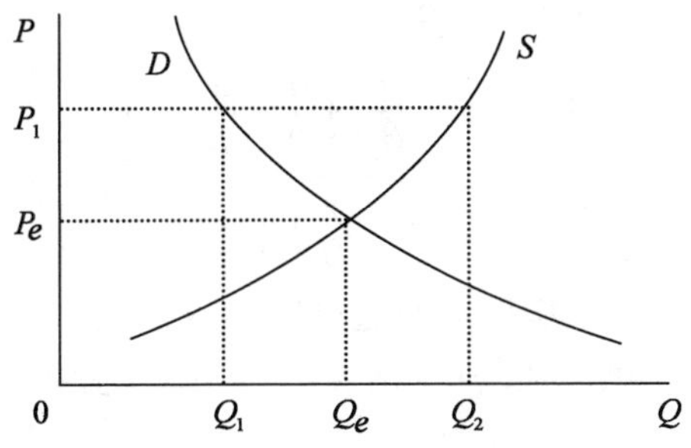

图 3 -1　最低限价的经济学特性

然而，在现实经济中，粮食作为最基本的生活必需品，其消费量既受粮食价格影响，更为消费习惯和生理需求决定。即使粮食价格出现一定上涨，人们也很难明显减少粮食消费，就算减少了一个品种的消费，但总消费粮食也不会明显减少。另一方面，一个经济体的粮食生产能力决定了该国粮食产量的供给价格弹性的大小。对于那些粮食生产能力不足的国家，即便粮食价格在短时期内上涨，他们的粮食供给也很难真正提高。同时，粮食产量既是粮食价格的函数，也是农资等农业投入的函数，粮食生产如果随着粮食价格的上涨而增加，对农资的需求也会增加价格也会上涨，这会进限制农民增加粮食供给的经济动力。因此，传统经济学对于最低价政策的批评即使符合经济学原理，可能对一些国家的现实解释力还不够。

传统经济学中仍有一个理论可以对上述理论做出回应，即著名的“蛛网模型”。蛛网模型考察的是生产周期较长的商品的一种模型，其基本假定时商品的本期产量是前一期价格的函数，而需求量则是本期价格函数。蛛网模型最基本的形式如下：

$$Q_t^d = \alpha - \beta P_t \quad \text{（需求函数）} \quad \text{（式 3 - 1）}$$

$$Q_t^s = \gamma P_{t-1} \quad \text{（供给函数）} \quad \text{（式 3 - 2）}$$

$$Q_t^d = Q_t^s \quad \text{（均衡条件）} \quad \text{（式 3 - 3）}$$

其中，α、β 和 γ 均为参数，且大于零。

将（式 3 - 1）、（式 3 - 2）带入（式 3 - 3）可得：

$$\alpha - \beta P_t = \gamma P_{t-1} \quad \text{（式 3 - 4）}$$

由此得出第 t 期的产品价格为：

$$\begin{aligned} P_t &= \left(-\frac{\gamma}{\beta}\right)P_{t-1} + \frac{\alpha}{\beta} = \left(-\frac{\gamma}{\beta}\right)\left[\left(-\frac{\gamma}{\beta}\right)P_{t-2} + \frac{\alpha}{\beta}\right] + \frac{\alpha}{\beta} \quad \text{（式 3 - 5）} \\ &= \left(-\frac{\gamma}{\beta}\right)^2 P_{t-2} + \frac{\alpha}{\beta}\left(1 - \frac{\gamma}{\beta}\right) = \cdots\cdots \\ &= \left(-\frac{\gamma}{\beta}\right)^t P_0 + \frac{\alpha}{\beta}\left[1 + \left(-\frac{\gamma}{\beta}\right) + \left(-\frac{\gamma}{\beta}\right)^2 + \cdots + \left(-\frac{\gamma}{\beta}\right)^{t-1}\right] \\ &= \left(-\frac{\gamma}{\beta}\right)^t P_0 + \frac{\alpha}{\beta + \gamma}\left[1 - \left(-\frac{\gamma}{\beta}\right)^t\right] \end{aligned}$$

在（式 3 - 5）中，中括号中的无穷级数可以求和，要求 $\gamma/\beta < 1$。

当市场均衡时，均衡价格 $P_e = P_t = P_{t-1}$，由（式 3 - 4）可得：

$$P_e = \frac{\alpha}{\beta + \gamma} \quad \text{（式 3 - 6）}$$

将（式 3 - 6）代入（式 3 - 5）可得：

$$P_t = \left(-\frac{\gamma}{\beta}\right)^t P_0 + P_e\left[1 - \left(-\frac{\gamma}{\beta}\right)^t\right] \quad \text{（式 3 - 7）}$$

$$= (P_0 - P_e)\left(-\frac{\gamma}{\beta}\right)^t + P_e$$

在 t 趋向无穷大时，且当 $\gamma/\beta < 1$ 时，P_t 会随着时间的推移趋近于均衡价格 P_e，该模型称谓收敛的蛛网模型。

当 $\gamma/\beta > 1$ 时，（式3－5）中的无穷级数无法求和，P_t 远离 P_e，该模型称为发散的蛛网模型。

当 $\gamma/\beta = 1$ 时，$P_t = \begin{cases} P_0 & t\text{ 为偶数} \\ 2P_e - P_0 & t\text{ 为奇数} \end{cases}$

由此可知，只有粮食的需求价格弹性大于供给价格弹性时，粮食实际价格才会趋近于均衡价格，即蛛网模型才会是收敛的，其他情况下，价格都不会回到均衡价格。然而，现实的问题是对于粮食而言，其需求价格弹性一般是小于供给需求弹性的，完全依靠市场自身调节很难实现市场长期的稳定。因此制定一个相对稳定的价格——避免在粮食产量高时粮食价格过低，从而避免下期粮食生产受到低粮价的过度冲击——对于实现粮食供给的长久稳定很有必要。尽管部分经济学家对于蛛网模型所体现的简单预期理论持批评态度，但该理论对现实的解释力并没有减弱。

3.1.2 最低价政策的普遍性

粮食最低价政策或者价格支持政策是世界主要国家普遍使用或曾经使用的农业政策。不论是在以大规模农业为特点的美国还是以小规模作业为特点的日韩等国，价格支持政策都在这些国家的农业支持政策中占有很重要的地位。

3.1.2.1 美 国

1929至1933年的经济大萧条致使美国农产品滞销、大量农场破产。1933年美国国会通过的《农业调整法》提出通过政府制定农产品最低销售价格保护农民利益。该政策具体由联邦政府的农产品信贷公司（The Commodity Credit Corporation，CCC）实施，实施手段包括无追索权贷款和政府购买。无追索权贷款是由农产品信贷公司给参加农产品计划的农场主提供短期贷款，以便农场主选择在市场价格较高的时候出售农产品，期间如果市场价格一直低于农场主的预期，农场主可以不归还信贷，而直接将农产品交给农产品信贷公司贷款，并且不用承担任何费用或罚款；相反，如果农场主愿意以市场价格出售农产品，需要在售完农产品后向信贷公司归还本息；当市场农产品的供给量超过需求量的时候，政府委托农产品信贷公司收购农场主过剩的农产品。为了削减日益增加的库存水平，1985年后美国政府实行价格支持政策的同时，实施了播种面积配额和销售配额的措施，规定只有按照配额计划生产、销售的农场主才可以获得价格支持。

无追索权贷款制度使得美国粮食库存大幅增加，政策执行成本高居不下。为了减少粮食库存，美国1996年《农业法》对该政策进行了完善，农民在市场价格低于贷款率时，不仅可把粮食交给农产品信贷公司，也可以按市场价出售，然后按市场价与贷款率之间的差额获得贷款差额补贴。新做法不仅保证了农民的收入，减轻了财政负担，而且也不会影响市场价格。美国在结束了签署乌拉圭回合协议的过渡期后，于2002年通过了《农业法》，提出用与农产品生产、价格不挂钩的直接支付政策取代1996年《农业法》的生产灵活性合同补贴。直接支付政策的具体实施方法是：政府对参与该计划的农民预先确定作物的面积和产量基础，并对每种补贴农产品规定一个固定的直接支付率，以此计算向农民提供的直接支付额。同时，为了避免农民获得差额补贴和直接支付的双重补贴，2002年的新农业法将差额补贴改名为“目标价格与反周期支付”，并正式以制度的形式纳入到农业法案中。其具体措施有三种：当市场价格低于贷款价格时，政府会给予贷款价差补贴，使其达到保护价格；当市场价格与固定直接支付金额的总和低于目标价格水准时，政府给予反周期补贴弥补差额；当市场价格与固定直接支付金额的总和高于目标价格水平时，余额归农民所得。2002年以后支持价格和信贷差额补贴政策的本质与无追索权贷款没有区别，而且保护范围还有所扩大。美国农产品目标价格变化情况见表3－1。

表3－1　美国农产品目标价格变化情况

项　目	单　位	2002—2003作物年	2004—2007作物年	2008作物年	2009作物年	2010—2012作物年
小　麦	美元/蒲式耳	3.86	3.92	3.92	3.92	4.17
玉　米	美元/蒲式耳	2.60	2.63	2.63	2.63	2.63
高　粱	美元/蒲式耳	2.54	2.57	2.57	2.57	2.63
大　麦	美元/蒲式耳	2.21	2.24	2.24	2.24	2.63
燕　麦	美元/蒲式耳	4.40	1.44	1.44	1.44	1.79
大　米	美元/百磅	10.50	10.50	10.5	10.5	10.5
大　豆	美元/蒲式耳	5.80	5.80	5.80	5.80	6.00

注释：1蒲式耳约合26.3千克，1磅＝0.454千克

数据来源：USDA，2009，farm bill side by side。

3.1.2.2　欧　盟

欧盟对粮食的价格支持方式随着其区域内粮食供求情况不同而有所变

化。在1960年代末期以前欧盟的农业处于短缺状态，粮食需求大量依赖进口。那时的农业政策主要表现为价格干预政策。欧盟价格支持政策包括3个方面：目标价格、门槛价格和干预价格。目标价格是最高限价，根据某种农产品在欧盟内部最稀缺的地区或供不应求的地区的市场价格制定。门槛价格是第三国农产品进入欧盟的最低价格，当第三国农产品价格低于门槛价时就会被征收两种价格之间的差价税以保持欧盟区域内农产品的市场竞争力。每年欧盟会在欧共体内部最大的粮食主产 区——法国奥尔姆地区的粮食生产成本的基础上来制定干预价格，当市场价低于干预价时，政府直接按干预价收购，促使市场价回到干预价格以上。市场价格低于干预价格时，生产者可以从欧盟设置在成员国的农产品干预中心得到差价补贴，也可以以干预价将农产品卖给干预中心．通过这种价格支持措施，政府确保在粮食市场价格下跌时农民能够得到一个最低价格，保证农民收入，提高农民种粮积极性。

价格支持政策提高了成员国的农业生产效率，20世纪70年代农产品实现了自给，80年代便出现了过剩。由于欧盟区内粮食价格高于国际市场价格，欧共体不得不借助巨额出口补贴缓解粮食过剩。1992年共同农业政策对价格支持政策进行了较大改革，分阶段大幅降低农产品的干预价格，基本实现与国际市场的接轨。与此同时采用直接收入补贴弥补农民因干预价格降低引起的收入损失。

3.1.2.3 日 本

从1942年出台《粮食管理法》到1969年之前，为了实现粮食的自给自足日本对粮食实行的是全程的计划管理。农民除了自用外，剩余粮食必须按照政府制定的价格卖给政府，政府制定粮食收购、流通和零售机构，在全国范围内统一分配粮食。在政府保护性的收购政策鼓励下，日本粮食产量大增，大米库存激增，用于大米流通的财政赤字连年扩大，1968年就高达2 683亿日元。在巨大赤字压力下，日本政府于1969年修改《粮食管理法》设立可直接在指定销售商间自由流动，价格由市场供需关系决定的自主流通米，开启了类似中国粮食双轨制似的混合流通时代。但在此后二十多年里，由于政府对自主流通米的干预也很多，大米的价格仍没有实现市场化，而是由全国农协和全国粮联协商决定的垄断价格。同时，政府对粮食流通的补贴并没有明显降低。1990年日本就设立了“自主流通米价格形成中心”，日本规定自主流通米必须进入价格中心进行交易，交易限于42家县级公司（卖方）和300家在政府部门备案的大米批发商（买受人）之间。在价格中心农协对大米的交易影响很大，即使大米市场出现明显供大于求的现象，大米价格也不会有较大幅度的回落，从而维持着价格的高水平。

乌拉圭会合以后，日本原有的粮食政策无法适应新的国际环境。1995年日本颁布《粮食法》取代实施近半个世纪的《粮食管理法》，标志着日本新的价格体系的建立。该法削弱了政府管制，较多地引入市场机制，只对大米进行部分和间接管理。《粮食法》放松了以前要求农民必须把大米卖给政府的规定，从而出现了“计划外大米”的出现。农民能够把自己生产的大米直接卖给所在地区的“农协”，农协经过批发商和零售商，把大米卖给最终消费者。

1998 年日本颁布的《米政策大纲》出台了“稻作经营稳定对策”，利用农户和政府共同出资的基金对因稻米价格下跌带来的收入损失进行补贴。该政策以各品牌大米三年平均价格为基准价格，当市场价格低于该基准价格时，则由稻作经营稳定基金补贴基准价与市场价差额的 80%。该政策类似于美国的差额补贴。该政策的目的即使要维持国内大米市场的作用，又保障了稻农的经营利益。

3.1.2.4　韩　国

大米是韩国民众消费的最主要粮食作物。大米支持政策是韩国农产品支持政策的核心内容。从 1968 年韩国对稻米等农产品种植农户实行“购销倒挂”支持政策以来，随着国内经济的发展及农产品国际贸易环境的变化，韩国政府不断对农产品支持种类、支持方式及支持程度做出调整，但是市场价格支持（MPS）政策一直是韩国农业支持政策中最重要的政策。1986—2007 年虽然韩国实行的市场价格支持支持（MPS）占对生产者支持的比重持续下降，但是比重一直在 90% 以上。1986 年为 99%，2007 年下降到91%。“购销倒挂”支持政策是指政府高价向农民收购大米，低价供应给城市居民，差价由政府补贴的粮食价格政策。1970 年每 80 千克大米的政府价格为7 000韩元，而卖出价格为4 296韩元。购销倒挂使得政府付出了很大代价，截至 1993 年年底，补贴大米造成用于差额补贴的粮食管理基金的赤字高达 7.7 万亿韩元。

为了减少成本，1993 年韩国政府对“购销倒挂”支持政策实行改革，政府向市场出售收购的大米时，通过农业协同中央会（National Agricultural Co－operatives Federation，NACF）建立的竞争性投标机制，通过投标来确定政府向市场出售大米的价格；在 1994 年之前，NACF 一直按照政府收购价向农民收购大米，2005 年开始按照市场价收购，同时向农民发放市场价与政府收购价的差额及其他成本补贴。乌拉圭回合后，韩国加强了直接支付政策，取代价格支持政策成为对农民支持的主要政策措施。

3.1.2.5　印　度

和中国类似，在1965年之前，印度采取的也是“以农补工”的发展战略，低粮价政策严重限制了印度的农业发展和粮食自给能力。1965年以后，印度的农产品价格政策发生了实质性变化，保护农业生产者利益，促进农业发展成为农业政策的中心。1965年印度成立“农产品价格委员会”，该委员会会综合考虑农产品成本、工农产品比价和农民的合理利润等因素向政府提出农产品最低收购价建议，然后经政府确认并公布，由印度粮食公司负责全国的粮食购销。当粮食过剩时，过剩部分由政府收购，作为储备和出口之用，从而避免粮价的下跌。当然，最低收购价一般都高于生产成本和市场价格，使农民有利可图。自经济改革以来，印度不断提高稻谷和小麦的最低支持价格。截至2006/2007年度，上述两种产品的平均支持价格已经超过了6卢比/千克。

3.2　中国实施最低价政策的战略意义

中国实施粮食最低价政策的目标主要有两个，一是通过最低价保障粮食生产者的基本利益，避免粮食价格过低影响国内粮食供给，二是通过粮食最低价政策，全面提升农业的经济效益，从而缩小工农差距，促进城乡经济协调发展。

中国粮食生产具有很强的分散性，农户对于粮食价格的反应是较为敏感的，当粮食价格保持合理价位时，农户就会保持粮食生产的动力。一旦粮食价格回落或者由于农资价格上涨使得粮食生产的效益减少，部分农户往往会回归自给性粮食生产或进行产业结构调整，从而减少粮食市场的供给量。中国过去十几年的经历充分证明了这一点。由于生活水平的提高，城乡居民对于粮食的整体需求（包括饲料用量）需求稳定提高，但粮食产量的波动却十分明显，最为典型的是1998—2007年谷物产量的周期性波动。此外世界发达国家实行的农业支持政策使得农业支持成为中国不得不采取的措施。目前，世界发达国家对本国粮食产业的干预和支持对国际市场造成了极大的扭曲。尽管在WTO的框架下，欧美等国的农业支持政策正在逐步由以价格支持为主向以收入支持为主转变，但其对国际市场的扭曲程度未必就会有明显的减弱。发达国家的农业政策使得发展中国家的农业发展面临着严峻的国际环境，廉价的粮食进口会对本国小规模农户造成巨大冲击。随着中国对外开放程度的加深，粮食生产面临的压力越来越大，因此需要构建符合中国农业发展需要的支持政策体系，以保障中国粮食生产的稳定和农民的利益。

中国经历了几十年以农补工的历史，工农差距和城乡差距明显，尽管进入21世纪以来政府调整了既往的发展政策，对农业的支持力度加大，但到2009年城乡收入差距依然高达3倍多。缩小城乡差距除了开展新农村建设，实施以工补农外，对农产品实施价格支持，提高农业的经济效益，提高农业从业人员的收入则是改善城乡差距的重要措施。韩国为我们提供了一个可供参考的范例。粮食依然是中国农产品的主要品种，播种面积占到总播种面积的68%以上。同时粮食又是最基本的商品，对粮食实施价格支持政策，可以全面托升农产品的价格，提高农业的比较效益。近些年，中国政府在提高粮食价格上面采取了一种“小步快跑”的战略，借助于国际市场普遍上涨的大好时机全面提高了粮食的国内市场价格。与此同时，以粮食直接补贴和农资投入补贴为主要内容的补贴政策进一步提高了农业的比较效益。农村劳动力从事农业的积极性提高，部分低附加值的加工业面临着劳动力不足的困难，这倒逼着中国工业结构升级，实现国家产业结构的升级换代。总之，在人口红利趋向枯竭的今天，通过提高农产品价格提升农业比较效益有着很强的战略意义。

3.3 中国粮食最低收购价实施现状

3.3.1 政策形成过程

作为价格支持的一种手段，粮食最低收购价的叫法出现在2004年，但其最早的政策形态却出现在上世纪80年代。1985年1月1日中共中央、国务院在发布的《关于进一步活跃农村经济的十项政策》提到“定购以外的粮食可以自由上市。如果市场粮价低于原统购价，国家仍按原统购价敞开收购，保护农民的利益。”此时的统购价已经具备了粮食保护价的功能，这应该是粮食最低收购价政策的雏形。1990年出台的《国务院关于加强粮食购销工作的决定》首次明确提出“由各省、自治区、直辖市参照中央议购指导价格，制定本地区议购粮食的最低保护价”。由于统购价和议购指导价一般低于市场价，以上两文件确定的保护价并没有真正起到“保护”作用。保护价真正起作用发生在1996—1997年，当时政府制定的保护价明显高于市场均衡价，起到明显的托市效果，但也造成了粮食的阶段性过剩和粮食赤字的增加。2004年5月26日国务院颁布《粮食流通管理条例》，第一次明确提出“最低收购价格”的提法，以区别于以往的保护价。

3.3.2 政策实施的制度安排

最低价政策的实施由几项制度构成。

首先，最低价标准的制定。国家发改委、财政部和国家粮食局等相关部门会在每年粮食收获之前根据国内外粮食供求情况、粮食生产成本和国内粮食价格制定粮食的最低价，然后报请国务院批准后，向社会发布执行预案。各粮食品种的最低价会根据市场行情逐年调整，不同质量的粮食品种会体现一定差价。

其次，实施时间。粮食最低价政策一般将政策实施时间限定在粮食收货后的几个月里。通常情况下，粮食在收获初期应该是价格最低时，在这个时间实施可起到托市的效果。如果预案制定的最低价标准低于当时市场价，则最低收购价预案不得执行。

再次，实施主体。这些机构包括中国储备粮总公司、地方储备粮公司（或单位）和农业发展银行。农业发展银行负责向中国储备粮总公司和地方储备粮公司（或单位）发放贷款，保障其具有按照最低价收购粮食的资金。中国储备粮总公司和地方储备粮公司（或单位）在实施区域实施期限内按照预案规定的最低收购价敞开收购粮食。中储粮收购的粮食粮权归国务院所有，未经国家批准不得动用。地方储备粮公司（或单位）收储的粮食作为地方储备。

最后，实施品种及区域。最低价实施对象仅包括稻谷和小麦，稻谷包括早籼稻、中晚籼稻和粳稻，小麦包括白小麦、红小麦和混小麦。最初早籼稻的实施区域只有江西、湖南、湖北、安徽4个主产省实施，中晚籼稻在吉林、黑龙江、安徽、江西、湖北、湖南、四川7个省实施。2008年起，早籼稻实施区域扩大到安徽、江西、湖北、湖南、广西壮族自治区五省（区），中晚籼稻实施区域扩大到江苏、安徽、江西、河南、湖北、湖南、广西壮族自治区、四川、辽宁、吉林、黑龙江11个省。自2006年以来，小麦最低收购价执行范围一直未变，包括河北、江苏、安徽、山东、河南和湖北6个省。

无论是小麦还是稻谷，最低价政策实施以来，实施预案确定的最低收购价有了较大提高。目前惯用的办法是在上一年就宣布的最低收购价标准以起到引导农民种粮的效果。不过尽管有预案，有时会因为确定的收购价低于市场价使得预案难以展开，2008年稻谷的最低收购价就因为确定的收购价过低而无法展开。从收购量看，稻谷的收储规模远小于小麦。最低收购价标准和收购规模见表3-2。

表 3－2　最低收购价标准和收购规模

最低收购价标准（元/千克）							
品种	2004	2005	2006	2007	2008	2009	2010
白小麦	—	—	1.44	1.44	1.54	1.74	1.8
红小麦	—	—	1.38	1.38	1.44	1.66	1.72
混小麦	—	—	1.38	1.38	1.44	1.66	1.72
早籼稻	1.4	1.4	1.4	1.4	1.54	1.8	1.86
中晚籼稻	1.44	1.44	1.44	1.44	1.58	1.84	1.94
粳稻	1.5	1.5	1.5	1.5	1.64	1.9	2.1
政策性粮食总收购规模（万吨）							
小麦	—	—	4 093	2 894.4	4 207.7	4 006.6	2 264.7
早籼稻	—	91.39	737.7	—	110.7（临）	278.4	—
晚籼稻	—	166.09	485.1	—	800（临）	567.5	—
粳稻	—	—	—	238	523.6（临）	—	—

资料来源：国家相关部委文件。

3.3.3　政策形式的拓展

2008 年稻谷市场价格明显高于最低收购价预案规定的最低收购价，故国家没有启动稻谷最低收购价预案。在国际市场走低的背景下，为了保护农民利益，避免粮价的下跌，政府从 2008 年年底开始分批次在玉米、水稻和大豆主产区实施国家临时存储收购，其中大豆、玉米和水稻的收储规模分别占到 2008 年产量的 46.7%、24.1% 和 11.7%。2008 年到 2009 年，政府在东北大豆主产区以 3 700元/吨的价格收储了 725 万吨左右的大豆（其中，临储 575 万吨）。2009 年底，政府再次对大豆和玉米实施国家临时存储收购，其中大豆收储 300 万吨左右。2010 年又一次实施了大豆临储。

国家临时存储收购的实施主体和最低价政策一样，收购方式也一样。在 2008 年启动的临储与最低价政策的主要区是临储限定每个品种的收购规模，完成任务收购即告结束。而 2009 年临储对玉米和大豆不限收、不拒收，实行敞开收购。这基本上以及具备了最低收购价的所有特点。2010 年政府继续对大豆实施临储。如果大豆临储常态化，基本上就把它列入了粮食最低收购价的行列。从这个意义上说，国家临时粮食储存收购是最低价政策的拓展。

临储价格标准见表 3－3。

表3-3 临储价格标准

（单位：元/千克）

品种	2008	2009	2010
稻谷	1.84	—	—
大豆	3.7	3.56	3.8
玉米	1.48	1.48~1.52	—

资料来源：国家相关部委文件。

3.4 粮食最低收购价的政策效应——DID分析

粮食最低收购价实施至今已经多年了，关于该政策的讨论常见于期刊。但囿于数据的获取的难度和政策实施的复杂性，现有研究基本上都是对基本现象的描述（例如，施勇杰，2007；贺伟，2010）。在笔者所能及的期刊库和书籍资料中尚未检索到该问题的实证研究。到底粮食最低收购价对粮食市场到底有什么影响？下面本文将通过DID分析方法对该问题展开讨论。

3.4.1 DID分析方法简介

Difference-In-Difference（DID）Model（倍差法或双差分模型）是政策分析和工程评估中广为应用的一种计量方法，用于估计一项政策或一个项目工程给政策或工程作用对象带来的净影响。其基本思路是将随机抽取的调查样本分为两组，一组是政策或项目作用对象（简称“作用组”），一组是非政策或项目作用对象（简称“对照组”），计算作用组在政策或项目实施前后某个指标（如收入）的变化量（收入增长量），以及对照组在政策或项目实施前后同一指标变化量，上述两个变化量的差值（即“倍差值”）即反映了政策或项目对处理组的净影响。这种方法被大量使用在发展中国家的各类改革项目的评估工作。例如，Erica Field和Anne Case对秘鲁土地制度改革和劳动力市场的评估，部分学者对于中国政府的扶贫工作的评估研究，周黎安、陈烨对农村税费改革的研究（周黎安，陈烨，2005）都使用了该方法。

DID模型的一般形式是这样的。

$$Y = \alpha_0 + \alpha_1 \cdot T + \gamma \cdot P + \delta \cdot T \cdot P + \varepsilon \quad \text{（式3-8）}$$

其中Y为被考察变量，T为虚拟变量，政策实施前为0，政策实施后为1，P也是虚拟变量，作用组为1，对照组为0。

对于对照组，$P=0$，则根据（式3-8）被考察变量为：

$$Y = \alpha_0 + \alpha_1 \cdot T + \varepsilon \quad \text{（式3-9）}$$

则对照组政策实施前后的被考察量分别为：

$$Y = \begin{cases} \alpha_0, & \text{当 } T = 0 \text{ 时,即政策实施前} \\ \alpha_0 + \alpha_1, & \text{当 } T = 1 \text{ 时,即政策实施后} \end{cases} \quad (式 3-10)$$

因此，政策实施前后，对照组被考察变量变化为：

$$dif_1 = (\alpha_0 + \alpha_1) - \alpha_0 = \alpha_1 \quad (式 3-11)$$

对于作用组，$P=1$，则根据公式（式 3－8）被考察变量为：

$$Y = \alpha_0 + \alpha_1 \cdot T + \gamma \cdot P + \delta \cdot T \cdot P + \varepsilon\gamma \quad (式 3-12)$$

政策实施前后的被考察量为：

$$Y = \begin{cases} \alpha_0 + \gamma, & T = 0 \text{ 时,即政策实施前} \\ \alpha_0 + \alpha_1 + \gamma + \delta, & T = 1 \text{ 时,即政策实施后} \end{cases} \quad (式 3-13)$$

因此，政策实施前后作用组被考察变量的变化为：

$$dif_2 = (\alpha_0 + \alpha_1 + \gamma + \delta) - (\alpha_0 + \gamma) = \alpha_1 + \delta \quad (式 3-14)$$

政策实施后，作用组被考察变量的净变化为：

$$dif = dif_2 - dif_1 = \delta \quad (式 3-15)$$

由于 dif 只是一个纯数量概念，是否显著还需统计检验。检验方法一般有两种，一种是固定效应估计法，另一种是差分估计法。这两种估计方法在处理非观测效应上是相似的，而且两者都是无偏的，至少是一致的。

3.4.2 分析方法的转化

DID 一般应用于大样本的两期面板数据中，而本文要讨论的是单个政策实施区和非政策实施区时序数列的政策效应问题，因此，上述模型应该进行一定转化，而且数据处理方法也有所改变。

在政策实施前，作用组和对照组的被考察变量分别为：

$$Y = \alpha_0 + \gamma \quad (作用组) \quad (式 3-16)$$

$$Y = \alpha_0 \quad (对照组) \quad (式 3-17)$$

则，政策实施前两组被考察变量的差异为：

$$dif_3 = (\alpha_0 + \gamma) - \alpha_0 = \gamma \quad (式 3-18)$$

在政策实施后，作用组和对照组的被考察变量分别为：

$$Y = \alpha_0 + \alpha_1 + \gamma + \delta \quad (作用组) \quad (式 3-19)$$

$$Y = \alpha_0 + \alpha_1 \quad (对照组) \quad (式 3-20)$$

则，政策实施后两组被考察变量的差异为：

$$dif_4 = (\alpha_0 + \alpha_1 + \gamma + \delta) - (\alpha_0 + \alpha_1) = \gamma + \delta \quad (式 3-21)$$

本部分要讨论的问题是粮食最低收购价政策对粮食市场价格有没有影

响。由于粮食最低收购价只在政策实施区发挥作用，对非实施区市场价格的影响机理表现为两区价格之间的联动。尽管政策非实施区的市场价格也会最终受到最低收购价的影响，但这种影响应该相对于实施区较小，还应该有一定的滞后期。因此，要考察政策的效应，就可以考察两个地区在同一时间市场价格差异的平均值在政策实施前后有无明显差别。回到上述模型上便是考察 dif_3 和 dif_4 的均值是否存在明显差异。而该问题完全可以利用两个总体均值之差检验进行讨论。

在大样本情况下，两个样本均值之差（$\bar{x}_1 - \bar{x}_2$）的抽样分布近似服从正态分布，而（$\bar{x}_1 - \bar{x}_2$）经过标准化后服从标准正态分布。在两个总体的方差 σ_1^2 和 σ_2^2 已知时，采用下面的检验统计量：

$$z = \frac{(\bar{x}_1 - \bar{x}_2) - (\mu_1 - \mu_2)}{\sqrt{\frac{\sigma_1^2}{n_1} + \frac{\sigma_2^2}{n_2}}} \qquad \text{（式 3-22）}$$

如果两个总体方差 σ_1^2 和 σ_2^2 未知，可以分别用样本方差 s_1^2 和 s_2^2 替代，此时检验统计量为：

$$z = \frac{(\bar{x}_1 - \bar{x}_2) - (\mu_1 - \mu_2)}{\sqrt{\frac{s_1^2}{n_1} + \frac{s_2^2}{n_2}}} \qquad \text{（式 3-23）}$$

因此，上述问题的讨论可以转化为对 dif_3 和 dif_4 均值之差的检验上。相应的原假设和备择假设分别是：

$$H_0: \overline{dif_3} - \overline{dif_4} = 0 \qquad \text{（式 3-24）}$$

$$H_0: \overline{dif_3} - \overline{dif_4} \neq 0 \qquad \text{（式 3-25）}$$

3.4.3　样本及数据介绍

本书所使用的价格数据来自于中国储备粮管理总公司和中华粮网的“数据中心”，全部为周度数据。由于部分粮食品种的价格数据不全，像红小麦、中籼稻等品种没有纳入讨论范围；由于“数据中心”把大豆按用途区分为油脂业用大豆和食品业用大豆，而且两者数据都满足本文需要，故将其分开讨论；由于数据是由各地区企业或地方政府粮食主管部门定期上报的，部分地区或部分产品或者部分时期的数据因未上报而不全，本书依照数据完整的原则截取数据，因此不同品种粮食包含的数据数量可能不全相等。

在双差分模型中，样本数据的时段是指所用数据报价时间段，为了实现每个品种两组数据的完整、对称，各品种时段的起始点设置不一。同样为了数据的对称完整，时段内的作用组和对照组同时剔除掉了部分不完整的数据。特别交代的是白小麦、晚籼稻、黄玉米和粳稻的数据。福建省是一个比较好的小麦最低价政策实施效应的对照样本，但是，“数据中心”提供的福建小麦报价截至点是2009年12月27日，尽管其他地区市场的小麦价格数据可以收集到2011年，为了数据的完整，只能依照福建的数据选择截至点。2009年玉米临储的截至时间是2010年4月30日，2010年没有启动玉米临储。本书认为2009年玉米临储的影响在2010年玉米收获后会减弱，故将玉米的时间截至点定为2010年12月26日。早籼稻和晚籼稻的对照组选取遇到了困难。尽管浙江、广东等省份并没有纳入最低收购价范围，但浙江省和广东省自行实施水稻最低收购价政策。根据一般经济理论分析，由于主产区粮食的集中上市会在一定程度上抑制价格的上涨，政府的托市政策在粮食主销区的效果应该显著于主产区。因此，在早籼稻的分析上，本文将主销区的市场看成作用组，主产区市场看成对照组，由此考察政策对主产区和主销区市场的不同影响。晚籼稻和粳稻的对照样本选取遇到了更大的困难。由于所使用的数据库没有收录非政策实施区的晚籼稻和粳稻的市场价格数据，为了使得双差分分析得以进行，晚籼稻的将对照组定为河南市场的晚籼米，而粳稻的对照组确定为陕西市场的晚粳米。将成品粮列为对照组实属无奈，但原粮与成品粮的比较也为本文的研究扩宽了一些范围。

T变量分割日期原则上选择政策实施开始时间。但是由于2004年和2005年最低收购价执行预案并没有明确规定预案的启动时间，故将早籼稻和晚籼稻的政策实施点定于预案发布日。临储政策的起始点也定于政策通知发布日。

DID模型数据情况说明见表3－4。

表3－4　DID模型数据情况说明

品种	作用组	对照组	时段	分割点
白小麦	河南、山东、河北、江苏	福建、天津、甘肃	2002.7.7—2009.12.27	2006.6.1
早籼稻	浙江、广东（主销区）	湖北、江西、安徽	2003.7.6—2010.12.26	2005.8.18
晚籼稻	湖北、江西、安徽、江苏	河南（晚籼米）	2001.10.21—2010.12.26	2005.9.2
粳稻	黑龙江、江苏	陕西（晚粳米）	2002.6.23—2010.12.26	2005.9.2
黄玉米	黑龙江、吉林、辽宁	山东、河南、河北、浙江、江苏	2004.1.4—2010.12.26	2008.11.7
大豆（食品）	黑龙江、辽宁	江苏、福建、广西	2004.10.17—2011.3.13	2008.11.7
大豆（油脂）	黑龙江	河南、山东	2003.5.18—2011.3.13	2008.11.7

注：数据来源根据中国储备粮管理总公司和中华粮网的“数据中心”资料整理。

3.4.4　分析结果与讨论

经过大样本两个总体均值之差检验，可以得出表3－5的结果。

一是小麦的最低价政策效应明显。小麦政策实施区覆盖了中国的最主要的小麦产区，六省总产量占到全国产量的3/4。政府的托市收购政策可以在实施区形成较强的托力，会对市场价格表现造成一定影响。

二是早籼稻的最低收购价政策如果能起到托市效应，那么主销区的政策效应要大于主产区。其理由如前面所言，与早籼稻集中上市阶段不同地区市场的供求关系有关。晚籼稻的分析结果显示，与晚籼米相比，晚籼稻价格的上涨水平要低一些。粳稻的表现与晚籼稻类似。这说明广为流传的所谓的“稻贵米贱”现象很可能是一种短暂的或者局部性的问题。

三是大豆的政策效应表现较为复杂。如果临储政策的确影响了食品业用大豆的市场价格，那么$\overline{dif_2}$应该大于$\overline{dif_1}$，而统计分析结果却恰恰相反。政策实施以后政策实施区的大豆价格上涨幅度不如非实施区市场价格上涨幅度大。油脂业用大豆表现则相反，临储政策的实施使得政策实施区内与实施区外的市场价格的差距扩大了，即如果政策使得实施区的油脂业用大豆价格上涨了，即使实施区外的价格也上涨了，其上涨水平也比不上实施区内价格的上涨水平。不过，油脂业用大豆的这种表现并没有得到统计学意义上的支持。黄玉米的分析结果与油脂业用大豆类似。

表3－5　DID模型分析结果

品种	$\overline{dif_1}$	$\overline{dif_2}$	s_1^2	s_2^2	n_1	n_2	α	检验结果
白小麦	－96.43	－72.40	1 984.82	1 242.98	203	188	0.05	拒绝原假设
早籼稻	45.37	82.11	2 542.30	4 698.00	104	271	0.05	拒绝原假设
晚籼稻	－498.57	－749.59	20 691.88	4 975.23	231	278	0.05	拒绝原假设
粳稻	－919.30	－1 298.92	49 797.55	34 488.07	150	275	0.05	拒绝原假设
黄玉米	－198.87	－196.72	21 224.93	7 921.71	253	111	0.05	不能拒绝原假设
大豆（食）	－708.10	－755.85	206 792.20	139 956.2	212	123	0.05	拒绝原假设
大豆（油）	－263.92	－259.39	33 221.80	27 308.28	273	119	0.05	不能拒绝原假设

以上时序数据的DID分析方法要求作用组和对照组的数据要具有可比性、对称性，这就要求两组样本开始实施最低收购价政策的时间是一样的。而实际上，粮食最低收购价的铺开是渐进的，特别是水稻的最低收购价政策。同时，除了最低收购价预案规定的实施区域外，部分省（市、自治区）也会根据自己地方的粮食生产和供求情况以及财政能力自行实施最低价政

策。这些省份并没有囊括到上述模型中。同时，DID 模型就是简单地分析了政策实施前后的市场表现的不同，并且把这种不同假设为是政策效应。而实际上，决定粮食价格不同表现的因素可能还有其他。因此有必要在分析时加入控制变量。综合以上两个原因，有必要进行更为细致的分析，这就是下面要进行的面板模型分析。

3.5 最低收购价对市场价格的影响——面板数据模型

3.5.1 研究方法及模型设定

为了考察粮食最低收购价政策对粮食市场的影响，模型首先要引入的变量就是政策虚拟变量 D，政策实施前为 0，实施后为 1。粮食价格肯定要受到上期价格的影响，因此，模型可以引入本期价格的滞后一期作为解释变量。基本实证模型如下：

$$P_{it} = \alpha_0 + \alpha_1 D_{it} + \beta P_{i,t-1} + \varepsilon_{it} \tag{式 3－26}$$

其中 P_{it} 为第 i 省 t 期市场价格，$P_{i,t-1}$ 为滞后一期。基本模型没有纳入国外粮食市场价格（fP_t），下面具体估计时可根据需要引入。

3.5.2 数据介绍

面板数据模型所使用的数据和双差分模型基本一致但也有所区别，表现以下几点。

在对每一个品种考察时加入全国平均报价，以便考察粮食最低收购价政策对全国粮食市场的影响。由于全国平均价包括了政策实施区和非实施区，将其纳入模型是为了间接讨论粮食最低收购价政策对政策实施区和非实施区粮食市场的不同影响；

山西省在 2008 年开始实施小麦最低收购价政策，这为更全面讨论政策变量的影响提供了机会。但是受到数据获取难度的限制，其他品种并没有找到后续实施政策的省份数据，特别是水稻，尽管广西壮族自治区被纳入最低价政策实施区较晚，但由于没有数据统计，很难进行讨论；

国际市场的价格波动被认为是中国粮食价格变化的一个重要背景，模型设定也考虑到了这一点，但是除了大豆外，其他品种模型引入国际市场价格变量后使得拟合优度降低，故没有引入。

3.5.3 面板数据模型回归结果

通过协方差分析（analysis of covariance）和固定/随机效应检验确认，六种粮食的模型类型都是固定影响变系数模型，油脂业大豆数据适合用混合估计模型估计。由于六种粮食的实证模型是固定影响动态模型，该模型的解释变量中含有被解释变量的一期滞后变量，从而导致模型中的随机误差项存在自相关。因此，在这些模型估计时需要进行差分变换，利用广义差分法消除自相关性的影响。混合估计模型直接利用最小二乘法进行估计。利用Eviews6.0计量经济软件对面板数据模型进行估计，结果如表3－6所示。

表3－6 面板数据模型回归结果

品种	市场	常数项估计值	D 系数（标准误）	P_{t-1} 系数（标准误）	fP_t 系数（标准误）	备注
小麦	全国	15.034 7	3.556 7** (1.441 3)	0.990 5*** (0.003 2)	—	$\overline{R^2}$ =0.977 1
	河南	15.853 1	3.977 8** (1.607 3)	0.989 7*** (0.003 4)	—	S.E. =224
	山东	62.686 1	13.558 2** (6.331 0)	0.955 9*** (0.013 4)	—	F =5341
	山西	88.294 5	18.345 8** (8.291 1)	0.944 9*** (0.016 3)	—	DW =2.103 4
	河北	15.221 0	4.186 9* (2.3755)	0.990 6*** (0.005 0)	—	AR(1) =－0.342 2
	江苏	169.531 0	37.784 8*** (11.514 0)	0.870 7*** (0.024 2)	—	(0.020 3)
早籼稻	全国	1 272.401 4	382.110 1*** (56.256 1)	0.136 2** (0.056 1)	—	$\overline{R^2}$ =0.984 6
	湖北	42.000 1	11.638 4** (4.024 9)	0.972 7*** (0.008 3)	—	S.E. =385
	江西	48.395 0	12.015 2* (4.393 7)	0.968 5*** (0.009 4)	—	F =814 3
	浙江	47.026 1	10.557 1** (4.308 8)	0.969 8*** (0.010 1)	—	DW =1.992 8
	广东	1 415.720 6	370.996 8*** (79.100 2)	0.115 6* (0.056 1)	—	AR(1) =－0.063 2
	安徽	22.899 1	6.595 6*** (2.454 2)	0.979 9*** (0.005 5)	—	(0.027 3)
晚籼稻	全国	88.935 6	31.746 9*** (10.876 4)	0.933 6*** (0.015 7)	—	$\overline{R^2}$ =0.986 8
	安徽	3.201 9	**0.767 1** (1.882 6)	0.999 4*** (0.002 8)	—	S.E. =0.996 8
	湖北	11.435 9	**4.609 3** (2.826 4)	0.992 4*** (0.004 3)	—	F =114 44
	江苏	46.449 7	18.286 8** (8.409 2)	0.966 1*** (0.011 1)		DW =2.044 5
	江西	5.078 6	**2.212 6** (2.424 5)	0.997 7*** (0.003 5)		AR(1) =－0.379 9 (0.019 9)
粳稻	全国	－1.112 0	**－3.017 7** (3.709 3)	1.003 8*** (0.004 2)	—	$\overline{R^2}$ =0.987 5;
	黑龙江	30.823 1	20.156 9** (8.869 3)	0.979 9*** (0.008 8)	—	S.E. =59; F =11 570; DW =2.192 5
	江苏	4.012 5	**－1.003 8** (4.797 1)	1.000 4*** (0.005 7)	—	AR(1) =－0.255 5 (0.026 8)
食品大豆	全国	371.019 2	138.646 5*** (33.532 4)	0.680 1*** (0.038 3)	0.307 9*** (0.042 3)	$\overline{R^2}$ =0.986 5;
	黑龙江	11.435 9	**0.405 8** (10.872 1)	0.941 4*** (0.015 1)	0.073 6*** (0.020 0)	S.E. =158; F =584 9;
	辽宁	8.375 9	**16.419 9** (11.819 0)	0.986 8*** (0.011 0)	**0.013 9** (0.008 9)	DW =2.192 5
	内蒙古自治区	－11.583 8	**14.200 6** (11.427 6)	0.970 5*** (0.009 2)	0.051 2 (0.013 3)	AR(1) =－0.153 8 (0.029 8)

（续表）

品种	市场	常数项估计值	D 系数（标准误）	P_{t-1} 系数（标准误）	fP_t 系数（标准误）	备注
油脂大豆	全国	2 118.714 6	−190.892 9***（28.141 7）	0.011 1**（0.004 6）	0.060 1***（0.021 3）	$\overline{R^2}$ =0.86; S.E. =984 6; F =423; DW =2.022 3;
	黑龙江	2 118.714 6	−190.892 9***（28.141 7）	0.011 1**（0.004 6）	0.060 1***（0.021 3）	
玉米	全国	7.878 6	4.270 1*（2.529 4）	0.995 2***（0.004 7）	—	$\overline{R^2}$ =0.983 6;
	黑龙江	27.723 8	11.943 0*（6.669 8）	0.974 9***（0.019 9）	—	S.E. =1.004 1;
	吉林	14.050 2	**4.744 1**（4.220 8）	0.990 4***（0.008 1）	—	F =718;
	辽宁	28.391 1	**9.585 9**（6.051 8）	0.979 9***（0.010 6）	—	DW =2.014 0 AR(1) = −0.200 9 (0.026 1)

注：（1）***、**、*分别表示在1%、5%和10%的置信水平，括号中的数值表示标准误；（2）D，P_{t-1}和fP_t分别代表政策虚拟变量，滞后一期价格和国际市场同期价格。

3.5.4 结果讨论

面板数据的估计结果基本上支持了国家粮食最低收购价政策对全国平均市场价格有提升作用这个判断（粳稻除外），特别是对小麦、水稻和玉米。将面板数据模型估计出来的结果和上面DID模型得出的结论进行比较，由此得出一些有价值的观点。

DID分析结果显示小麦最低收购价政策对政策实施区小麦存在明显的托市效应，即与非政策实施区相比，政策在实施区起到的价格提升相对水平要高一些。面板数据模型回归结果进一步讨论了政策实施区内部的差异：供求紧张地区的政策效果大于供求关系宽松地区，政策实施区的政策效果大于全国平均水平。河南和河北是主要的小麦调出省，在小麦集中上市时，市场供大于求的格局影响了政策托市的效果。相反作为小麦调入省的江苏，政府的托市政策对市场产生了更为明显的影响。山西在2008年开始执行地方版的最低收购价政策，这对提升小麦价格起到了较为明显的效果；其次是水稻。早籼稻展现出与小麦不尽相同的特点：产区的虚拟变量系数估计值均小于全国平均价的水平，早籼稻输出区的虚拟变量系数估计值小于主销区的系数估计值，其中广东的表现尤为突出。这也大致印证了DID分析结果对早籼稻的判断。晚籼稻的表现与上面两种品种有所不同，政策对全国平均价和供求关系较为紧张的江苏的影响较为显著，而对主产区的江西、湖北和安徽的影响不显著。而粳稻的表现恰恰与晚籼稻相反，政策实施区黑龙江的政策影响显著，全国却不显著；大豆的回归结果与DID分析结果不尽相同。相同的地方是，临储政策的确推动了全国食品业大豆的平均价格，但对政策实施区的影响并不显著。不同的是，回归结果显示政策的实施不仅拉低了全国油脂业用大豆的平均价格，也拉低了政策实施区的油脂业用大豆的市场价格。玉米临储政策对全国平均价格有显著的正向影响，对黑龙江的影响更为显著，但对其他政策实施区的影响并不显著。

导致以上不同表现的因素可能与政策实施力度和产品特性有直接的关系。如上所言，小麦实施区覆盖了占其总产量3/4的产区，而且从收购规模看，其力度也较大。从2006年开始实施最低收购价到2010年，政府通过最低收购价将34.1%的小麦收储起来，其政策力度之大可想而知。相对应的，政府通过最低收购价和临储收购的稻谷也只有其总产量的3.4%左右，政策执行力度无法与小麦最低收购价政策相比，这也可能是导致晚籼稻和粳稻政策效果不如小麦显著的主要原因。大豆的政策表现差异应该与其产品特点有关。中国的油脂业大豆的自给率很低，国外廉价大豆在临储政策导致国产豆供给不足的情况下大量涌进，进而拉低了全国的平均价格。全国价格的下跌加大了政策实施区临储的难度，部分收储企业人为设置售粮障碍，增加农民按照政策价格销售大豆的难度，进而影响了政策实施效果。食品业用大豆则不同，临储政策使得全国市场供给紧张，而进口转基因大豆难以对国产非转基因大豆形成实质性替代，这就会导致国内食品业用大豆供给紧张从而使得价格上涨。而政策实施区的大豆在收储时并不按用途进行实际区分，同样面临油脂业用大豆类似的销售难题。玉米临储政策对全国供求关系造成了影响，但对吉林和辽宁的影响并不显著，这可能与收储力度和收储企业的行为有关系。

3.6 小 结

中国现代粮食价格政策体系的形成并发展于国际粮食上涨的时期，国内粮食价格的变化必然会受到国际粮食市场的影响。因此，2003年以后国内粮食市场的上涨是国际市场联动的结果还是受到了国内政策的影响，是一个需要认真面对的问题。为了讨论这个问题，本章采用了两个方法讨论最低价政策对粮食市场价格表现的影响。第一方法是国外常用的进行政策效应评价的DID分析方法。通过DID方法，基本证实了政策对大部分粮食产品存在明显的政策效应。然而，DID分析方法具有模糊性，尽管政策实施前后实施区和非实施区存在这一定差异，但是我们并不能确信这些差异就是政策本身导致的。加之DID分析遇到了一些数据获取上的难题，为了深入考察政策对价格的影响，本章又利用面板数据模型对该问题进行了讨论。面板数据模型得出的结论基本上印证了 DID 方法得出的较为明确的结论，同时挖掘出一些更为具体的问题。

作为粮食价格支持政策的一种手段，粮食最低价政策无疑对提高粮食主产区的粮食价格，保护种粮农民的积极性有着较为明显的作用。但对于外贸依存度较高的大豆，特别是油脂业用大豆而言，政策的效果却有待进一步考证。本章要讨论的内容是粮食价格上涨是国际市场带动的结果还是政策因素导致的，至于是不是还有其他因素，则不是本书需要讨论的问题。当然，政府的政策是不是有效率乃至效率如何都不是本章要讨论的内容。

第4章

政策性粮食竞价销售对市场价格的平抑效应

最低价政策的目的是在粮食市场较低时通过政策性购买人为制造需求，从而影响粮食市场供求关系，达到托市的效果。政府收储的粮食最终要流入市场，否则只进不出的政府行为会导致政府粮食库存的激增和财政资源的浪费。本章所讨论的储备粮竞价拍卖就是要讨论储备粮的输出问题。在讨论之前需要对竞价拍卖制度的产生过程及制度本身的特点做以介绍。

4.1 政策性粮食销售政策的演变历程

在笔者看来，严格来讲政策性粮食是一个比较模糊的概念，特别是在2004年之前。政策性粮食是与经营性粮食是相对的，即体现政府政策意志的粮食。在粮食全面市场化之前，政策性粮食外延繁杂，包括国家定购粮的收购、调拨、储备、出口和城镇居民基本口粮及部队、大中专在校学生、农村需救助人口的粮食；保障居民基本口粮供应的国家计划内进口粮；平抑市场粮价的粮食；政府委托的代购、代储、代加工的粮食等。2004年之后，政策性粮食特指通过最低收购价和国家临时存储收购的粮食和中央储备粮。政策性粮食竞价拍卖政策的出台经历了一个较为漫长的制度沿革过程。政府与国有企业关系调整是整个沿革过程的主题。

4.1.1 统购统销体制下的政策性粮食销售

1950年中央政府设立中国粮食公司掌管全国粮食经营。面对着新中国成立之初的私营粮商投机引发的粮价波动，中央政府一方面抛售掌握的粮食来平抑物价，另一方面加大中国粮食公司及地方粮食公司在粮食流通，特别是零售领域的市场份额，减少中间盘剥和私商投机的空间。由于新中国成立初期政府财力有限，通过收购掌控的粮食规模不够大，很难在根本上形成对市场价格的主导力。为了从根本上解决粮食收购和销售问题，1953年政府实施了粮食的统购统销政策。

统购统销实质是对粮食流通的全过程实行国家垄断，在收购方面实行强制性低价收购，在销售方面实行低价限量配给，在粮食流转方面实行中央统一计划调配，国家将粮食流通全部包下来，排除了市场的作用。流通领域，国家先是通过引导和强制手段，将一部分私商纳入国营粮食经销、代销的轨道，并后来在全国农业合作化高潮的推动下率先实现了全行业公私合营，从而形成了国营粮食企业独家经营的局面。流通渠道方面，1958年以前，农民还可以在自由市场交换余粮，但严禁私商参与交易。人民公社制后，粮食集贸市场一度被取消。1962年再次开放农村粮食集贸市场，允许农民在完成统购任务后出售余粮，供销社可以在集市上收购，但仍严禁私商参与交易。“文革”开始后集贸市场遭到批判，1972 年后粮食集贸市场基本被全部取消。既然没有了自由市场也就没有市场价格，更没有价格调控问题。在统购统销制度下实行粮食国家定价，而且长期不变。1953—1966 年的 13 年中，粮食价格只调整过 5 次；而在 1966—1978 年的 12 年间，粮食价格一直没有动过（贺军，2006）。

从 1953 年开始统购统销到 1960 年，统销价格高于统购价格，粮食企业是营利的。3 年自然灾害让中央政府认识到鼓励粮食生产的必要性，从 1961 年到 1978 年政府多次提高粮食统购价格，而统销没有变化，粮食购销价逐渐拉平，个别品种倒挂（食用油购销价格普遍倒挂），企业经营由盈利变为亏损。为了维持粮食系统的正常运行，政府不得不进行补贴。在 1961—1978 这 18 年里，粮食商业经营平价粮油由国家平均每年补贴 24. 06 亿元，用粮油工业、运输企业和议价经营实现的利润 2. 55 亿元抵消后，国家净补贴 21. 51 亿元（赵发生，1988）。1979 粮油统购价格和超购加价提高，但销价不动，粮油购销价格全面倒挂，加上购销业务不断扩大，征购基数多次核减，超购比重相应增大，粮油价格倒挂补贴和经营费用以及超购加价等支出越来越大，各项政策性补贴大幅度上升。1979 年粮食流通政策性补贴为 85. 39 亿元，1984 年增加到 234. 29 亿元（商业部当代中国粮食工作编辑部，1989）。

4. 1. 2　双轨制下的政策性粮食销售

1985 年统购制度的放弃标志着中国进入了粮食市场的双轨制时代，即粮食市场上一部分粮食的收购数量、收购方式和收购价格均由政府确定，而另一部分的收购数量、收购渠道和收购价格由市场供求状况决定。自由市场的存在使得政府在粮食市场的作用不再仅仅是保证粮食供给，更要防止粮食价格的过度波动。政府在此阶段调控粮食市场价格的主要经济途径是：通过国有粮食购销企业按照保护价收购粮食从而控制足够的粮食以形成价格主导力，在价格过快上涨时再通过这些企业按照政府规定的价格和规模向市场抛售存粮以平抑市场价格。理论上讲，这种管理粮食市场价格的方式可以做到对市场价格进行调节，防止粮食价格的过分波动。然而，二十余年的实践证明该制度设计遭遇到了委托—代理困境。

一方面，国有粮食购销企业与政府的利益目标存在不一致性。政府希望企业可以在粮价低时按照保护价托市收购以保护农民利益，粮食价格过快上涨是抛售储粮以平抑市场价格，而国有粮食企业从自身利益出发则更愿意逆向操作。当粮食丰收农民遭遇卖粮难时，国有粮食企业并不是按照政府规定敞开收购农民余粮，而是一边为农民售粮设置障碍，一边安排人以低价向农民购粮再按保护价卖给企业，赚取差价。这种行为在很大程度上削弱了保护价的托市效应，致使农民种粮积极性收到打击。而在粮价上涨需要平抑价格时，国有粮食企业又倾向于跟随私营粮商抢购粮食，哄抬物价，同时高价抛售存粮以牟利，放弃政府交给他们的平抑市场价格的责任。因此，通过国有粮食企业的粮食吞吐来调节粮食价格的政策存在着致命的制度缺陷，政策实施效率完全依赖于政府的监督和惩戒，无法在根本上解决问题。

另一方面，国有粮食企业亏损严重，国家财政不堪重负。在没有取消粮食统销之前，粮食亏损属于政策性亏损，主要责任不在国有企业。例如1988年国家大幅度提高粮食合同定购价格，而定销价格并没有相应提高，粮食价格倒挂，粮企亏损问题严重，财政补贴负担越来越重。1985年粮食补贴为202亿元，1989年为408亿元，1990年达到477亿元，占到当年财政总收入的14.4%（商业部当代中国粮食工作编辑部，1989）。这种购销倒挂体制导致的沉重的财政负担使得政府不得不考虑逐步提高粮食销售价格并于1993年在全国范围内取消了实行40年的口粮定量供给办法，实现了购销同价。然而，购销同价并没有解决国有粮食企业的亏损问题。据《经济日报》1998年10月18日报道，从1992年至1998年的六年期间，国家粮食收购款共发生2140亿元的大缺口。其间，1996年新增加亏损和挂账为197亿元，1997年为480亿元，1998年仅一季度就为270亿元。据国家审计署牵头中央有关8个部门联合审计的初步结果表明，其中800多亿元被挤占挪用外，其余1 340亿元为亏损挂账款项。挪用款项或为粮食部门和企业相关人员鲸吞，或为从事非粮食业务，或购买消费品，甚至进行期货、股票和地产投机以谋取暴利。而1 340亿元的亏损挂账则源于国有粮食企业低于购入价销售粮食库存、经营混乱、冗员过多等原因。

当然，也不能说国有粮食企业在粮食价格调控中的作用一点都没有，正常情况下国有粮食企业的收购和销售可以起到调节余缺，熨平价格波幅的作用。但是由于制度设计本身存在的缺陷，该政策对于国有企业存在着潜在的负向激励，它能否发挥作用主要看机会是否成熟。

4.1.3 政策性粮食的顺价销售政策及其挫败

从粮食流通政策改革的历程看，既要实现国家对粮食价格的调控，又要避免粮食财政负担过重几乎是1998年之前二十年粮食改革的两个主要目标。为了既保障政府保护价起到托市效果，又避免国有粮食企业出现亏损，1998年5月国务院在出台的《国务院关于进一步深化粮食流通体制改革的决定》

中提出了按保护价敞开收购农民余粮、粮食收储企业实行顺价销售、粮食收购资金封闭运行“三项政策”。1998 年 6 月 1 日国务院又通过了《粮食收购条例》，规定除了国有粮食部门和国有农产品加工企业，其他机构不得向农民直接收购粮食。这样国有粮食部门通过在收购市场和在销售市场上的双重垄断就可以既保证了最低价的实施以控制粮源又保障了顺价销售的实施以避免粮食企业亏损。然而，在前两年保护价的作用下，国内粮食产量已经突破 5 亿吨大关，粮食市场呈现出供大于求的态势。在这种情况下，购销企业为避免收得越多亏得越多，或变相限收、拒收，或压级压价克扣农民，从而形成了“敞开不收购”和保护价“不保护”的现象。在国有粮食企业不愿意收粮的同时，私营粮商通过其他手段向农民收粮并销售，市场价格出现下跌，顺价销售更加困难。

顺价销售政策在此后的几年里实施困难还有一个很重要的背景。由于国有粮食企业库存爆满，部分 1996 年收购上的粮食到 1999 年仍未能顺价销售，加之部分粮食露天储存或者库存条件很差，大量存储粮陈化，损失惨重。据 2001 年全国粮食清仓查库统计，截至 2001 年 3 月末，陈化粮和超期储存粮为 667 亿千克，占清查库存实际数的 28.98%（国家粮食局，2002）。1999 年 5 月国务院在出台的《关于进一步完善粮食流通体制改革政策措施的通知》中提出，要抓紧处理陈化劣变粮食，并且指出销售陈化劣变粮食发生的价差亏损，属于中央储备粮的由中央财政负担；属于地方储备粮的由地方财政负担；属于国有粮食购销企业周转库存粮的由粮食风险基金适当补助。1999 年 6 月财政部、国家发展计划委员会、国家粮食储备局、中国农业发展银行发布的《关于处理陈化粮食有关问题的通知》对质量鉴定、销售处理、价差损失补贴和违规责任做出了规定。由于在陈化粮的处理过程中缺乏有效的监督和控制，急于将粮食变现的国有粮食企业将大量好粮当作陈化粮廉价销售，骗取国家补贴。大量伪“陈化粮”的销售使得政府的粮食补贴支出大增。大量廉价粮食库存涌入市场对本已低迷的粮食市场造成了更大冲击。这使得当时敞开收购政策和顺价销售政策更不可能展开，粮食价格一路低迷到 2003 年。顺价销售政策基本完全被挫败。

4.1.4 组织创新与拍卖政策的出台

1990 年代的粮食调控政策尝试让政府明白了两个道理：一是政府能不能掌握粮食市场价格主动权不在于国有粮食企业是不是掌握了 70% 或者 80% 的贸易粮，而在于政府能够真正掌控的，调得动，管得住的粮食有多少。粮食调控权在地方各级政府之间的分散化严重影响了政策的实施效率；

二是让国有粮食企业既要执行政策职能又要进行粮食市场经营就很难避免他们把用于政策粮购买和储备上的钱用于经营活动，把经营活动导致的亏损挂在政策账上。要想让企业发挥调控职能就必须让经营和政策性存储分开。

解决问题的尝试早在1990年就开始尝试。为了形成政府对粮食市场的干预力，中央政府在1990年成立中国粮食储备局，建立了国家专项粮食储备制度。从1992年起，对国家粮食储备库进行命名挂牌。到1996年年末，批准命名的国家粮食储备库已达1 300多个，库点分布于30个省、自治区、直辖市的主要粮食产区或重点粮食销区。1995年国务院提出逐步建立垂直的储备粮管理体系，并将一批重点大型粮油仓库和港口转运站划归国家粮食储备局直接管理。然而，政府储备粮与企业的周转储备粮在实物上基本没有分开，粮食企业库存中既包含储备粮，也包含周转粮。当粮食市场价格较高时，企业往往把粮食库存转作经营性的周转粮，卖出图利；当市场无利可图时，企业又往往把库存转作储备粮。有些企业甚至通过虚报储备数量、加大储备成本等等方式冒领财政补贴。为解决政策性业务和经营性业务混杂的问题，粮改中曾提出了政策性业务和经营性业务分开，“两线运行”的思路。由于两项业务从主体上并没有分开，实际操作中不可能真正实现业务分开。

政策性业务和经营性业务的真正分开始于行政主管部门的改革。2000年隶属于国家内贸部的国家粮食储备局分解为国家粮食局和中国储备粮管理总公司。其中国家粮食局作负责全国粮食流通宏观调控具体业务、行业指导和中央储备粮行政管理。而中国储备粮管理总公司负责主要储备粮的收购、储存、调运、销售和进出口业务，负责主要直属粮食储备库建设和设备维修，提供仓储能力，确保中央储备粮安全，质量良好，调用畅通。中储粮总公司在主产区和主销区组建中央储备粮管理分公司，并对分公司的人、财、物实行垂直管理。到2000年10月，中央储备粮的管理业务全部由各省（区、市）粮食局移交给分公司。同时，在原已上划直属库的基础上，结合1998年以来国家分三批建设的50亿千克中央粮库，选择符合条件划转上收作为中储粮总公司的直属库由分公司直接管理。2001年《国务院关于进一步深化粮食流通体制改革的意见》再次明确，中国储备粮管理总公司及其分公司除经营与储备粮油吞吐轮换直接相关的业务外，不从事一般性商业经营活动。中储粮体系实行“中国储备粮管理总公司－各地分公司－中央直属储备库”垂直管理，中央储备粮必须专库存储，专储库直接归中央储备粮管理机构来垂直管理，保证统一号令，令出即行。从此，困扰政府多年的政策性业务和经营性业务不分的问题得到彻底解决。

如何防止中储粮系统也出现类似于过去普通国有粮食企业那样出现粮食亏损现象，仍然是一个十分重要的问题。1998 年粮食流通改革以来，粮食的顺价销售政策虽然做好了防止储备粮低价销售造成亏损的制度安排，但由于粮权并没有完全归国务院所有，大量企业为了缓解占款压力忍痛低价销售。加之后来出台的陈化粮处理政策，大量低价销售的粮食借助该政策得到了一定的补偿，进而鼓励了粮食企业低价销售粮食。虽然账面上的粮食亏损并没有增加，但是由于政府支付了大量陈化粮处理补贴，实际的粮食亏损依然很大。为了防止亏损，国家在 1999 年就实行了储备粮在粮食批发市场的公开竞价销售的政策，可是由于市场低迷运行并不顺畅，而且竞价销售的主要是陈化粮。由粮食企业向加工企业和其他粮食流通实体定向销售依然是主要的储备粮销售办法。1999 年 11 月郑州粮食批发市场出台《中央储备粮竞价销售办法》对储备粮的交易细则做出规定。2004 年出台的《粮食流通管理条例》再次重申了政策性用粮销售原则上要通过粮食批发市场公开进行。2005 年首次启动粮食最低收购价以后，临时存储粮食的销售问题为经济拍卖制度规范出台的提供了一个契机。2006 年 12 月国家发改委等相关部门联合发布了《国家临时存储粮食销售办法》。该办法明确提出国家临时存储粮要以公开竞价的方式在粮食批发市场上常年常时销售。从此以后，竞价拍卖就成为了中央政策性储备粮（包括进口粮油、最低收购价收储粮食和临时收储的粮油）和地方储备粮粮销售和轮换的主要方式。

4.2 政策性粮食竞价拍卖的制度设计

4.2.1 竞价拍卖政策的制度设计

《国家临时存储粮食销售办法》对临时存储粮的销售办法做了一些原则性的规定，归纳起来有以下几点。

销售粮源：国家指定中储粮总公司执行最低收购价预案收购和国家组织进口，并委托中储粮公司临时存储的粮食。

粮源：竞价销售临时存储粮的粮源，由国家粮食局商中储粮总公司根据粮食市场需求情况确定，优先安排销售仓容紧张、储存条件差、存储时间长的库点粮食。

销售价格：临时存储粮竞价销售底价，由财政部原则上按照最低收购价加收购费用和其他必要费用确定，并根据国家宏观调控需要和市场供求情况择机调整。实际交易价格不得低于公布的销售底价。

交易方式：国家粮食局按照市场供求关系，根据国家宏观调控需要确定承担零食储备粮销售的粮食批发市场。受委托的粮食批发市场可以采取现场交易和网上交易相结合的方式竞价。

2007 年，安徽粮食批发交易市场出台了《最低收购价小麦竞价销售交易细则》和《最低收购价稻谷竞价销售交易细则》，初步建立起国家储备粮油产品的基本交易规制。从这两个交易规则看，国家储备粮的交易有以下几个特点。

卖方责任：受国家有关部门委托，由中国储备粮管理总公司作为卖方，代行签订交易合同。卖方提供卖方承储库名单、所卖粮食的存粮地点、品种、数量、质量等级。卖方承储库必须按合同规定的时间、质量、品种、数量交货，否则可视为违约；卖方向交易市场预交交易保证金 5 元/吨和履约保证金 50 元/吨。

买受人身份约束及责任：参加竞价交易的买受人为自愿报名参加的国内具有粮食经营资格的企业，最低收购价粮食收购库点不允许购买本库的粮食。买卖双方须向交易市场预交交易保证金 5 元/吨和履约保证金 50 元/吨。

交易市场责任：交易市场负责于每次竞价交易会的前一周通过媒体发布《最低收购价粮食竞价销售交易公告》，审核交易代表资料，维持交易秩序，调解交易双方之间存在的纠纷和异议，转付交易双方履约保证金等。

农业发展银行责任：负责粮食交易款的划转工作。达成交易的买受人将全额货款一次或分批汇入交易市场在农业发展银行银行的账户，并在交易完成后将交易款转入卖方在农业发展银行的账户，保证国家最低收购价收粮款项的封闭运行，避免中储粮公司挪用。

交割方式：每笔合同的粮食履约时间为自合同生效第十日起，交货期为 2 个月（实际存储库点出库数量在 2 000吨以上的，交货时间原则上可延长为 2 个半月）。买受人必须于签订合同之日起 1 个月内将全额货款一次或分批汇入本细则第五条规定的农发行账户。交易市场收到货款后，及时开具《出库通知单》通知中储粮相关分公司安排承储库发货。卖方承储库发货后，交易市场凭每批次双方签署的《验收确认单》，5 个工作日内将货款拨付至卖方承储库在农发行开立的有关账户，同时将相应履约保证金退还卖方承储库。

以上粮食交易拍卖政策的制度设计体现出政府粮食流通改革一贯的政策目标：顺价销售和避免亏损。中储粮系统、粮食竞买企业、农业发展银行和交易市场在粮食行政专管部门的管理下形成了一个相互牵制，相互依赖的市场交易体系，从而避免他们在国家储备粮交易中形成合谋。

4.2.2 竞价拍卖与顺价销售的区别

储备粮的竞价拍卖政策是顺价销售政策的延续，二者的政策目标都是通过增加粮食供给以满足市场需求，同时为下一步粮食价格支持政策的实施提供库容。除了以上共同之处，两者的不同之处更为显著，表现如下。

政策直接实施主体不同。储备粮顺价销售政策的实施主体是国有粮食企业。这些企业受当地粮食主管部门管理，即进行政策性粮食运作，也进行经营性粮食运作。竞价销售政策的直接实施主体是中国粮食储备粮管理总公司及其分公司，以及有他们确认的代储企业。三者之间实行垂直领导，只进行政策粮业务。

销售的粮食的粮权不同。在中储粮完成管理的垂直化之前，顺价销售的中央储备粮粮食的产权名义上属于国务院，但并不是由国务院全款购买，而是由粮食购销企业自筹经费购买，中央政府只支付利息和经营损失。这就意味着国有粮食企业的政策也为也面临着一定的经营风险。企业从自身利益出发，就有可能违背国家的宏观调控政策。而竞价销售的中央储备粮的产权完全属于国务院，仓储企业只能从仓储行为本身盈利。在垂直管理的情况下可以做到管得住，调的动。

销售的组织方式不同。顺价销售可以由国有企业所在地的粮食主管部门在当地粮食市场自由进行，即可以拍卖也可以定向销售，购买者即可以是企业，也可以是个体经营者。竞价拍卖实在国家相关部门领导下，由中储粮在制定的交易市场统一进行。实际储粮库可以分布在全国各地，但在统一的平台上交易。

销售的时间不同：顺价销售是不定期销售，国有粮食企业的业务员到处寻找买主，有需求就有销售。而竞价销售实现常态化，市场每周交易日上午八点三十分准时开市，周三竞价交易稻谷、周四竞价销售小麦，周一、周二、周五全天挂牌销售，做到了常年常时公开竞价销售。

实施效果不同：从近些年的情况看，储备粮的竞价拍卖制度基本解决了粮食存储企业的粮食亏损问题。而顺价销售政策却存在制度设计上的严重缺陷，很容易造成粮食亏损。

4.2.3 竞价拍卖规制的最新变化

随着中储粮系统建设的完善和国家粮食支持政策的变革，中国的粮食调控政策实施环境有了一些新的变化：首先是玉米和大豆临时收储的出现使得储备粮销售多了两项内容；其次是全球通胀和国内通胀压力使得防止食品价格上涨压力增大，在实施粮食价格支持政策的同时，防止食品价格过快上涨成为一项重要任务；再次是粮食经营主体的多元化使得粮食市场交易活跃，加之涨价预期的存在，粮食市场上的投机成分增加，防止储备粮被用于投机，保障粮食市场的供应也显得较为迫切；最后是中储粮系统和代储企业在粮食的出库问题上出现了一些影响粮食顺畅流通的现象。在这些背景下，国家相关部门及组织粮食经济销售的交易市场对粮食交易细则进行了一些新的调整，归纳如下。

4.2.3.1　规范中储粮系统企业的购粮行为

针对中储粮直属企业参与竞价购买的行为，2009 国家相关部门修改各品种粮食竞价交易细则第二条，将原规定中的“最低收购价粮食收购库点不允许购买本库的粮食”改为“中储粮公司直属企业除购买粮食用于中央储备粮轮换用途外，不得参与竞买。在新粮上市前，可购买上年生产的粮食；新粮上市以后，只能购买当年产新粮”。这就杜绝了中储粮企业与其他粮食企业竞购粮食的现象。

中储粮在发展中经营理念发生了一些变化，开始由“大粮仓”向“大粮商”转变，其经营性业务不断扩张。各分公司纷纷开展粮油加工产业，涉及大米、面粉、食品、玉米、油脂等。中储粮的这种经营理念再次混淆了经营性业务和政策性业务的边界，对其他纯市场化运作的粮油企业造成了非公平的市场竞争。特别是在 2010 年通胀压力上升的时期，中储粮系统的经营业务被认为是推动国内粮价上涨的重要因素。2010 年 10 月下发的《国务院办公厅关于做好秋粮收购和当前粮食市场调控工作的通知》要求中储粮停止一切“经营性”购销业务，也就是说，除了对国家储备粮进行收储、轮换等“政策性”业务之外，中储粮不能再进行其他粮食购销经营。这就使得储备粮竞价交易的买受方主体完全限定在非中储粮的粮食企业。

4.2.3.2　对参加竞价交易买受人的购买行为做出限制

一是对买受人身份做出限制。2010 年 6 月份开始执行的《国家临时存储粮食（粳稻）竞价销售（定向方式）交易细则》对粮食交易的对象作出明确规定，规定参加竞价交易的买受人为北京、天津、上海、浙江、福建省（市）粮食行政管理部门确定的大米加工企业和国家有关部门确定的企业。其意图旨在控制粮食流通渠道，进而保证粮食向主要销区顺畅流通，以平抑销区市场价格。

二是对买受人购买数量做出限制。例如，2010 年 7 月 8 日开始实施的《国家临时存储粮食（移库粳稻）竞价销售（定向方式）交易细则》规定“同一买受人每次购买稻谷的数量不得超过本企业一个月（30 天）的加工用量（即稻谷日加工能力乘以30天），一个月内累计购买的数量不得超过两个月（60天）的加工用量，自2010年3月11日起累计购买数量不得超过企业120天加工用量。”小麦竞价销售的买受人限制类似。

三是对买受人交易后行为做出限制。例如《国家临时存储粮食（移库粳稻）竞价销售（定向方式）交易细则》规定：“粳米的出厂价格不得超过本企业2010年2月上旬粳米（同等级）平均出厂价格。买受人在30天交货期内将所竞买稻谷从出卖人承储库完成提货，并在90天内（含30天交货期）运回本企业自行加工成大米，买受人不得转卖稻谷，所加工的大米仅限在本省（市）销售，不得销往省（市）外”。对小麦的规定是“买受人在60天交货期内将所竞买小麦从出卖人承储库完成提货，并在90天内（含60天交货期）自行加工成面粉。买受人所购买的小麦仅限于本企业自用加工，不得转卖。买受人须在交易前向批发市场如实提报小麦日处理能力并签署承诺书。”

以上限制措施都是为了防止买受人囤积居奇哄抬物价，以发挥国家储备粮平抑市场价格的作用。当然，以上闲置也直接将一些企业排除在交易之外，制造了粮食加工企业之间的不公平竞争。

4.2.3.3 对易造成交易延迟的条款做出修改

针对交割过程中的出库难问题，国家对交易细则进行了修订。例如最新的《国家修改临储玉米竞价交易细则》规定，粮源所在地中储粮分公司会同省级粮食行政管理部门要督促相关出卖人承储库及时出库，并要求出卖人承储库不得为买受人提供代保管粮食服务。到期未出库的，由违约方承担责任。另规定，出卖人承储库不配合出库收取额外费用的，经举报由交易市场核实后，交易市场可视情况判定出卖人承储库应当承担相应责任。情节严重的，提请地方粮食行政主管部门和货源所在地有关分公司进行查处，按国家有关法律法规严肃处理，并追究出卖人承储库相关负责人的责任，视情节轻重给予取消其承储国家临时存储粮食的资格一年、三年或永久，并予以通报。

4.3 政策性粮食拍卖政策的执行

4.3.1 竞价交易平台

尽管国家储备粮的销售采取竞价拍卖的方式始于1999年，但采用全国粮食统一电子竞价交易系统平台销售储备粮只是最低价执行以后的事。为保护种粮农民利益，确保国家粮食安全，2005年起国家指定有关企业按最低收购价收购农民要求出售的稻谷和小麦。为做好这部分政策性粮食销售工作，国家粮食局要求有关机构建立全国粮食现货竞争交易系统，以安徽国家粮食交易中心为中心市场，山东、江苏等主产省粮食批发市场为分市场，构建全国跨地区粮食现货交易平台。同时郑州粮食批发市场和河南省粮食交易物流市场独立承担河南省最低收购价小麦销售任务。

全国粮食统一电子竞价交易系统依据粮食现货交易实际情况设计开发，采用B/S结构，界面简洁、易于操作，远程与现场同步交易，极大程度地方便了客户。其完善、成熟的交易、交割与结算系统，能够对国家政策性粮油的销售全程进行有效实时的监控管理，既可以为商户提供相对独立的交易空间，增加了交易透明度，有效防范恶意串标、盲目竞标等损害客户利益的交易行为，确保竞价交易规范有序高效的进行，有效地解决粮食流通“中介环节多、信息不对称、交易成本高、流通效率低”等问题，缩短粮食流通链，降低粮食交易成本；还可以为管理部门提供全面的各种交易、交割、结算信息，协助政府有效监控粮食交易市场，健全粮食市场机制和功能，已成为国家宏观调控粮食市场的有利抓手。

全国粮食统一电子竞价交易系统于2006年4月率先实现了大宗粮食现货网上竞价销售，实现多种交易形式并存。同年11月系统升级，在国内率先提出了建立全国统一电子竞价交易系统平台概念。在安徽粮食批发交易市场建立主会场，陆续在河北、江西、山东、江苏、湖北、湖南、天津、广东、大连、福建、上海、陕西、甘肃、吉林、四川等省级批发市场建立分会场，共同合作完成国家政策性粮油的竞价销售工作。

4.3.2 拍卖规模

鉴于交易数据的可获得性，本章讨论的政策粮仅包括小麦、早籼稻和晚籼稻。销售的小麦主要是由中储粮系统按照国家最低收购价执行预案收储的小麦。早籼稻和晚籼稻的来源都有两个，一个是最低收购价，一个是国家临时收储。

由于市场价格较高，2009年上半年暂停了最低收购价早籼稻和晚籼稻的拍卖，因此从拍卖次数上看，籼稻的拍卖次数要少于小麦。截至2010年年底，小麦最低收购价收购粮食拍卖次数为203次。早籼稻和晚籼稻从2006年上半年到2008年末竞价拍卖的是最低收购价收储的稻谷，2009年之后到2010年拍卖的是国家临时收储的稻谷，分别拍卖了173和176次。

根据中华粮网提供的数据，小麦竞价拍卖最早的记录始于2006年11月3日。在此后的4年中，最低收购价小麦的竞价拍卖保持着平稳性，除了节假日，几乎每周都有交易。从计划拍卖量来看，2010年的计划拍卖量基本稳定，基本保持在400万~500万吨。类似的情况还发生在2007年末到2008年年中。实际拍卖量是拍卖中实际成交量。从2006年末到2010年末，小麦拍卖的实际成交量呈现出明显的周期性。一般一年中的第一、第二季度成交规模较大，而三季度较小。从成交率看，小麦的成交率没有明显的规律。从近4年多的规律看，2009年4月份以来的小麦拍卖成交率较前两年明显降低。除了有一次出现成交率高于50%外，2009年4月以来的所有拍卖成交率均低于50%。政策性粮食（小麦）拍卖成交情况见图4-1。

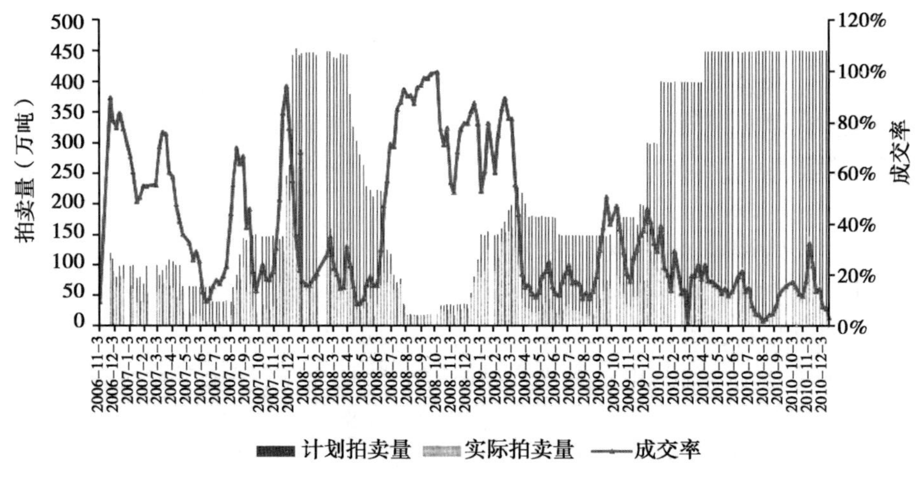

图4-1 政策性粮食（小麦）拍卖成交情况

数据来源：中国储备粮管理总公司。

早籼稻竞价拍卖政策实施的并不连贯，无论是计划拍卖量还是实际成交量都无法与小麦相比。从拍卖的绝对量看，早籼稻每次平均的计划拍卖量只有大约14万吨，而小麦每次的计划拍卖量为226万吨，前者只有后后者的6.2%；从成交量看，早籼稻的每批成交量约为5.8万吨，小麦为60万吨，前者仅为后者的9.7%；尽管水稻的拍卖规模相对较小，但成交率却高于小麦。小麦的每次拍卖的平均成交率为26.5%，而早籼稻却为41.6%。政策性粮食（早籼稻）拍卖成交情况见图4-2。

与早籼稻相比，晚籼稻的拍卖规模较大，但与小麦的竞价拍卖规模仍不具有可比性。在2010年之前，晚籼稻的计划拍卖规模较小，平均只有5.7万吨。2010年平均拍卖规模提高到172万吨。从成交量来看，晚籼稻的平均成交规模为13万吨，是早籼稻的2倍多，只有小麦水平的21.7%。不

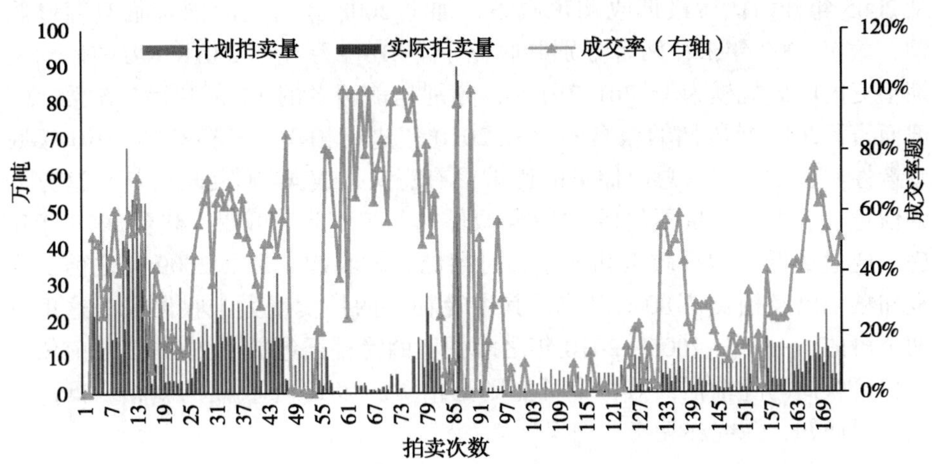

图 4-2 政策性粮食（早籼稻）拍卖成交情况

数据来源：中国储备粮管理总公司。

过，晚籼稻的平均成交率是最低的，只有16.2%。尤其是进入2009年10月份以后，晚籼稻的拍卖成交率一直较低。在其后的一年里绝大部分拍卖的成交率低于10%。政策性粮食（晚籼稻）拍卖成交情况见图4-3。

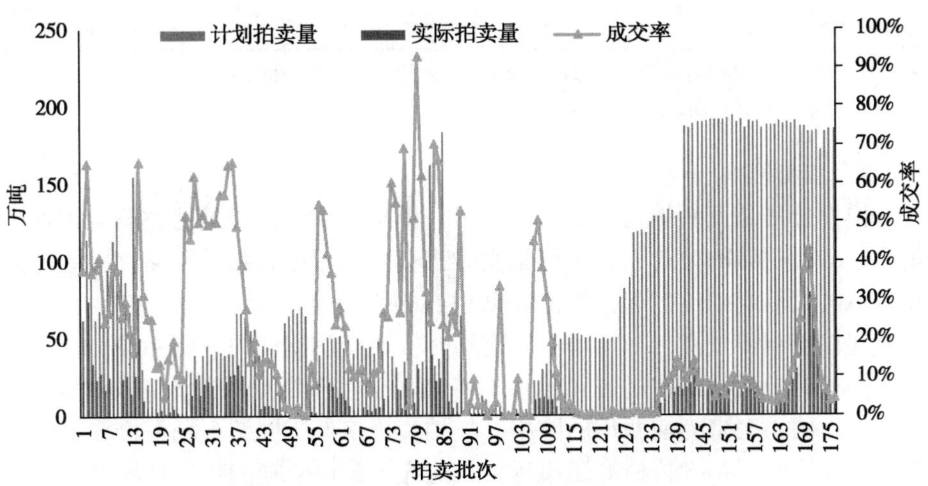

图 4-3 政策性粮食（晚籼稻）拍卖成交情况

数据来源：中国储备粮管理总公司。

早籼稻和晚籼稻的低拍卖规模与其收购量有直接关系。早籼稻和晚籼稻从2005年开始执行最低收购价政策，加上2008年启动的国家临时存储收购，截至2009年末，两者分别共收储了1 218.2万吨和2 018.8万吨。而同期小麦的收储规模为15 201.7万吨，分别是前两者的12.5倍和7.5倍。一般而言，2010年收储的粮食不会在2010年进行拍卖。考察截至2010年底政策性粮食拍卖量占总收储量的比重很有意义。表4-1反映的就是这方面的信息。表中收储量不包括2010年收储的新粮。从表可知，截至2010年年底，通过最低收购价政策和国家临时存储收购收购上来的2009年之前的小麦和籼稻已经拍卖了80%以上，其中晚籼稻的拍卖量大于收储量。这里有两个可能，一个是2006—2010年之间拍卖的晚籼稻包括了2005年之前依照保护价收储的晚籼稻，另一个可能则是拍卖的2010年收储的新稻。具体原因不得而知，深究亦无必要。

表4-1　政策性粮食收购与销售规模比较

项目	小麦	早籼稻	晚籼稻
政策性粮食收储量（万吨）	15 201.7	1 218.2	2 018.8
收储量占总产量的比重	34.1%	3.4%※	
政策性粮食拍卖量（万吨）	12 175.7	993.7	2 287
政策性粮食剩余量（万吨）	3 026	223.5	-268.2
拍卖量占收储量的比重	80.1%	81.6%	113.3%

注：※早籼稻和晚籼稻所考察的总产量为稻谷总产量（包括粳稻和糯稻）。

数据来源于中国储备粮管理总公司。

4.3.3　拍卖价格

拍卖价格是反映拍卖成交情况的另一个指标。无论是最低收购价粮食还是国家临时收储的粮食，在进行拍卖时都会事先根据收购价和储存成本确定政策粮的最低起拍价。起拍价的高低也在很大程度上决定着成交率的高低。如果起拍价定得过高，当市场供给充足时，成交率就倾向于低一些。

小麦的拍卖价格在过去几年伴随着市场价格不断攀升。大部分时间里，由于拍卖的小麦多为前两年的陈粮，故拍卖价格低于同期市场报价。下图中依然有个别时间拍卖价格高于市场价，这应该是由数据的代表性导致的，属于失真情况。拍卖成交率和市场价格之间似乎存在一定相关性。当市场价格处于上升期时，拍卖成交率往往较高。例如2007年第四季度，2008年8月份到2009年2月份，还有2009年第四季度。这段时间的拍卖价格和市场价相对差距较小。而在市场价格稳定期，拍卖成交率一般较低，拍卖成交价和市场价之间的差距也相对较大。政策性粮食（小麦）拍卖价格见图 4－4。

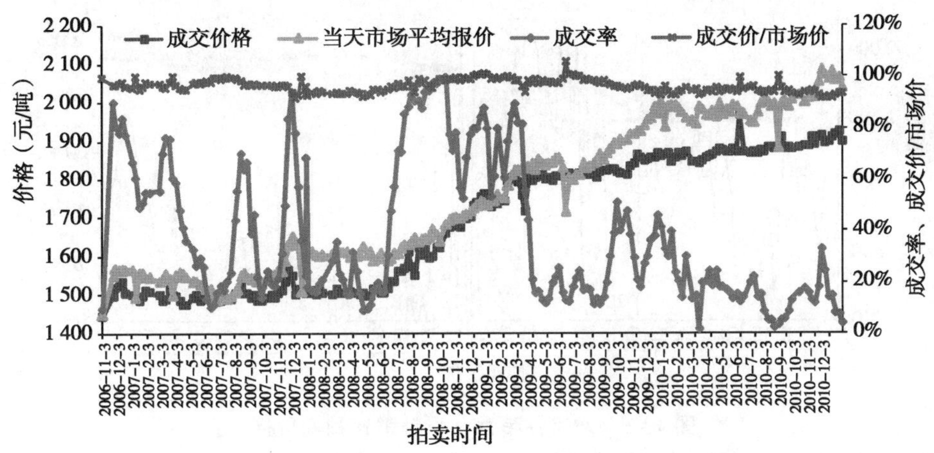

图 4－4　政策性粮食（小麦）拍卖价格

数据来源：中国储备粮管理总公司。

早籼稻的拍卖价格并没有表现出明显的趋势。一方面在早籼稻市场价格走高时，尽管拍卖成交率较高，但拍卖价与市场价之间的差距较为明显；另一方面当拍卖成交价和市场价格接近时，成交率却比较低。其中原因可能是由于早籼稻的拍卖数量较小，对市场价格影响力不够。一般来讲，当拍卖价格高于同期市场价格是应该是市场需求较强，而且企业对于粮食价格存在较强上涨预期时，但是此时的成交率去比较低。这种矛盾现象的出现或许可以这样解释：企业对早籼稻的供给能力是充满信心的，竞价购买的企业多为存在粮源压力的企业，大部分企业不愿意过多储备早籼稻。政策性粮食（早籼稻）拍卖价格见图 4－5。

晚籼稻的拍卖价呈现出来的特点与早籼稻类似。在市场价格走高时，拍卖成交率相对较高。当拍卖价格接近甚至超过市场价格时，拍卖的成交率就会较低。晚籼稻的拍卖价和市场价之间的波动规律发生明显分歧。在 2008 年一二季度，市场价格明显上涨，但拍卖价格却呈现了一定时期的跌势。在 2010 年下半年粮食市场价格上升时，拍卖价表现得较为稳定，并没有出现明显上涨。政策性粮食（晚籼稻）拍卖价格见图 4－6。

政策性粮食的拍卖既为了平抑市场价格，也为了保证政策性粮食收购的不亏损，甚至适当盈利。到底政策性的拍卖有没有实现不亏损呢？由表 4－2 可以看到不同阶段政策粮的拍卖价格略高于收购价。可是表中没有列出政策

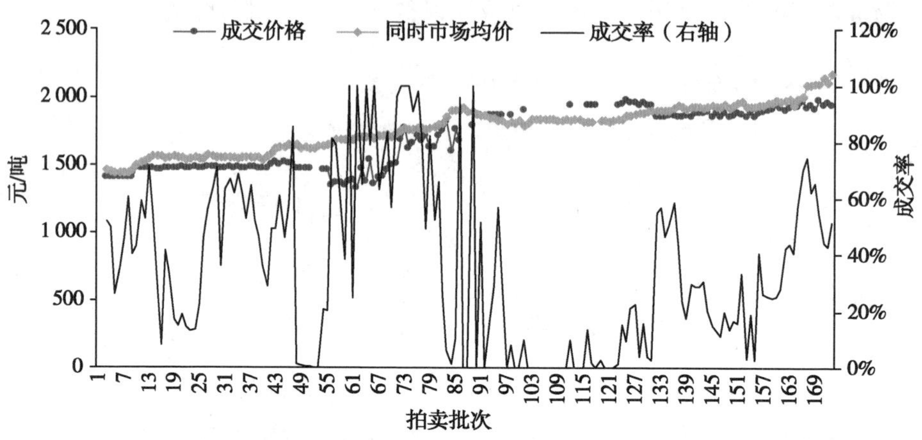

图4-5　政策性粮食（早籼稻）拍卖价格

数据来源：中国储备粮管理总公司。

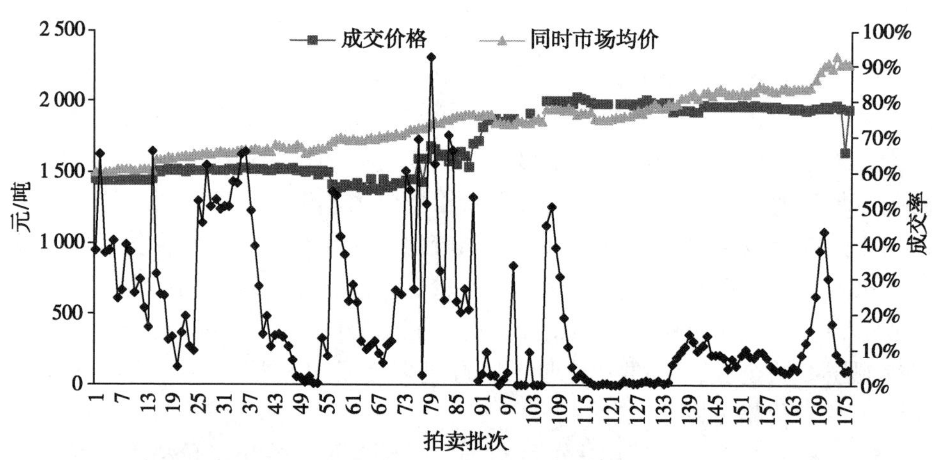

图4-6　政策性粮食（晚籼稻）拍卖价格

数据来源：中国储备粮管理总公司。

粮收购的财政补贴支出。按照《中央储备粮油财政、财务管理暂行办法》等有关文件的规定，中央财政对中央储备粮的补贴包括保管费用、轮换费用和贷款利息补贴等。仅保管费用补贴一项，每吨最低收购价粮食补贴70元，国家临时存储粮食保管费用补贴为每吨80元。即使不考虑诸如集并费用、移库费用、烘干费用、运输费用等项目的补贴，仅保管费用一项就已经使得粮食拍卖价格实际小于拍卖粮的实际成本。

表4-2 政策粮拍卖和收购价格比较

(单位：元/吨)

项 目	2006—2008			2009—2010		
	平均收购价	平均拍卖价	平均价差	平均收购价	平均拍卖价	平均价差
小麦	1 490	1 539.5	49.5	1 770	1 844.7	74.7
早籼稻	1 470	1 528.1	58.1	1 830	1 905.5	75.5
晚籼稻	1 510	1 526.9	16.9	1 890	1 938.3	48.3

资料来源：相关部门文件，中国储备粮管理总公司。

尽管政策粮的拍卖价格低于粮食的实际成本，但作为政府调节粮食市场的一项政策，其政策效果不只是看拍卖的实际收益，起码还要看两点：一是收购上来的粮食可以通过政策的市场手段按照高于收购价的价格销售出去，不形成粮食的过度挤压和变质；二是粮食收购是不是可以形成托市效应，而相应的拍卖是不是可以平抑市场价格。关于第一点，考虑的是政策的会计成本，其相应的教训是最低收购价导致的大量陈化粮的出现。第二点中最低收购价政策的托市效应已经讨论了，下面就需要讨论竞价拍卖是不是可以起到平抑市场价格的作用。

4.4 竞价拍卖的政策效应

4.4.1 政策性粮食与非政策性粮食市场价格表现差异

政策性粮食的拍卖政策能不能起到平抑市场价格的作用可以通过粮食市场价格的波动情况来考察。小麦和籼稻的拍卖政策分别开始于2006年的11月和3月，为了比较政策实施前后的变化需要寻找一个比照对象。可供选择的比较对象有玉米、大豆、粳稻和油菜籽。出于数据易获得性和完整性的考虑，本文将玉米作为比照对象。国储玉米实施竞价拍卖政策始于2007年12月11日，因此所有样本数据的截至点为2007年12月9日。由图4-7可以看出小麦、早籼稻、晚籼稻和玉米价格的走势变化情况。2007年以后，玉米的上涨幅度明显大于小麦和籼稻。至于这种变化的差异是不是由拍卖政策导致的则是本部分需要讨论的。

本部分所利用的方法依然是第三章用到的DID分析方法，具体理论方法的讨论见第三章。为了尽量分析透彻，本部分分两部讨论，先讨论分别以小麦、早籼稻、晚籼稻为作用组，玉米为对照组的内容。四种粮食品种样本的时间区间都是从2002年1月6号到2007年12月9日。小麦和玉米的政策分界点小麦竞价拍卖政策的启动日，报价日期为2006年11月3日，两种

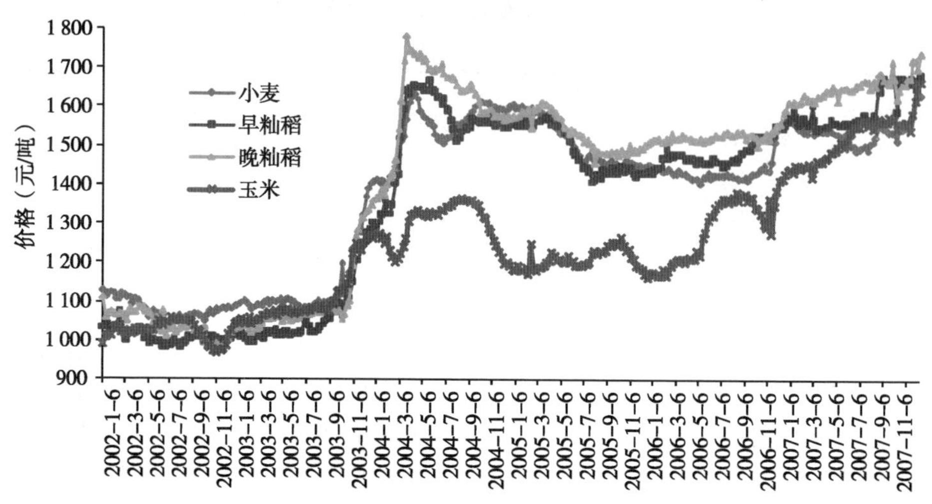

图 4－7　政策性粮食价格走势

数据来源：中华粮网，中国储备粮管理总公司。

籼稻和玉米的政策分界点为 2006 年 4 月 7 日。原假设为作用组与对照组的差在政策实施前后的均值相等，根据获得的数据得出表 4－3 的结论。小麦与玉米的价格之差的均值在竞价拍卖政策实施前为 158. 18，实施后为 33. 9，检验证明两者存在明显区别。可以说明，与实施前相比在政策实施之后，玉米的价格上涨要快于小麦。这种结果有可能是小麦拍卖政策的平抑效果导致的。尽管我们不能确定，但起码可以为进一步的讨论提供了基本依据。早籼稻、晚籼稻和玉米的价格差值在政策实施后也比实施前变小了，但假设检验证明这种差异可以忽略。也就是说，尽管籼稻实施了竞价拍卖政策，但其价格走势与玉米的价格走势之间的关系并没有发生明显的变化。由此可以得出结论，籼稻的经济拍卖政策可能并没有起到平抑市场价格的作用，起码总体上看效果不明显。

表 4－3　DID 分析结果

品种	$\overline{dif_1}$	$\overline{dif_2}$	s_1^2	s_2^2	n_1	n_2	z	α	检验结果
小麦	158. 18	33. 90	15 394. 59	5 035. 62	252	58	10. 22	0. 05	拒绝原假设
早籼稻	127. 91	108. 94	25 256. 72	4 094. 14	222	88	1. 49	0. 05	不能拒绝原假设
晚籼稻	168. 49	159. 23	35 328. 46	2 874. 57	222	88	0. 67	0. 05	不能拒绝原假设

4.4.2　政策性粮食之间的市场价格表现差异

如果籼稻市场的变化并没有竞价拍卖政策的影响，那么这就为把籼稻作为对照组考察小麦竞价拍卖政策的相对影响提供了条件。由图 4－8 可以看出小麦和籼稻周度价格的变动情况，两者存在很强的联动性。2007 年以后二者价格变动出现一定差异，主要表现为水稻价格较小麦价格出现了更加大的上涨。在 2009—2010 年间两者价格的差距变大，2010 年差距变小。考虑到 2010 年籼稻拍卖规模大幅增加，这种变化是不是由拍卖政策的力度导致的呢？下面将进行该问题的讨论。

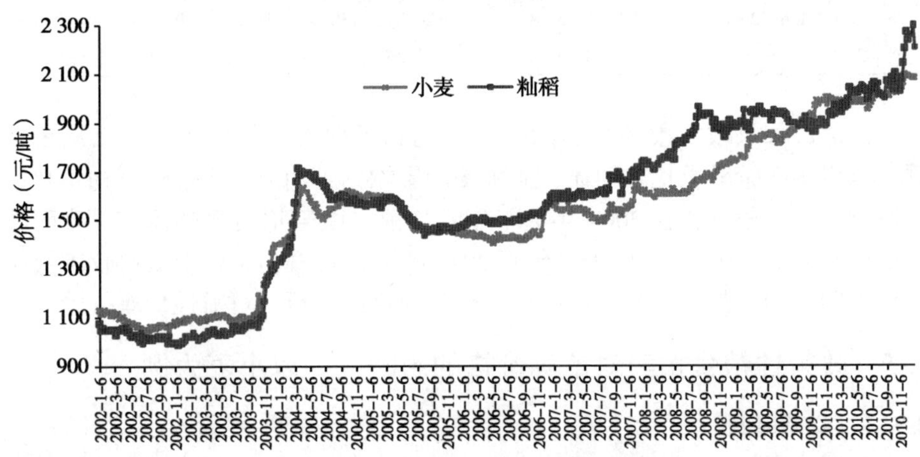

图 4－8　小麦和籼稻价格走势比较

数据来源：中华粮网，中国储备粮管理总公司。

小麦和籼稻（早籼稻和晚籼稻的价格平均指）的数据截取 2002 年 1 月 6 日到 2010 年 12 月 26 日的周度价格数据。2008 年年底籼稻的竞价拍卖政策暂停，一直到 2009 年 7 月份。为了讨论更加细化政策在不同阶段的影响，下面将分 3 种情况进行讨论。第一种情况是采用全部数据，将政策分界点选为小麦拍卖数据首次报价日；第二种情况选取 2002 年 1 月 6 日到籼稻拍卖暂停的那天，反映在报价日期上为 2008 年 12 月 23 日，临界点仍为小麦拍卖数据首次报价日；第三种情况选取 2008 年 12 月 23 日到 2010 年 12 月 26 日，临界点选为籼稻拍卖重新启动日。第一种情况考察的是与籼稻相比，小麦拍卖政策的政策效应；第二种情况考察的是与籼稻小规模拍卖相比，小麦拍卖的政策效应；第三种情况考察的是与籼稻相比，小麦拍卖的政策效应。分析结果如表 4－4 所示。在第一种和第二种情况下，与籼稻相比小麦的竞价拍卖政策的净效应是负的，说明小麦的经济拍卖起到了抑制小麦市场价格的作用。在第三种情况下，与籼稻相比小麦的竞价拍卖政策的净效应是正的，说明与籼稻相比小麦拍卖对抑制市场价格的影响小于籼稻拍卖一直市场价格的影响。这反过来说明，在2009下半年到2010年，籼稻的拍卖对抑制市场价格起到了明显的作用。

表4-4　DID分析结果

序号	时间区间	分界点	$\overline{dif_1}$	$\overline{dif_2}$	$\overline{dif}$	Z值	α	检验结果
1	2002.1.6—2010.12.31	2006.11.3	4.39	-86.54	-90.93	13.59	0.05	拒绝原假设
2	2002.1.6—2008.12.23	2006.11.3	4.39	-126.04	-130.44	18.16	0.05	拒绝原假设
3	2008.12.23—2010.12.31	2009.8.23	-109.75	-18.26	91.49	-9.72	0.05	拒绝原假设

总之，如果政策粮的拍卖的确可以起到平抑市场的作用，那么从表现看，小麦的政策效果比较明显，而籼稻的影响则不明显。不过籼稻拍卖政策的影响是分阶段的，在2009年上半年及之前，由于拍卖规模较小，故而政策效应不明显。但从2009下半年到2010年的表现看，籼稻拍卖的政策效应应该是明显的。然而这些分析都近似较为模糊的分析，可靠性仍有待验证。

4.5　政策性粮食拍卖对市场价格的影响——以小麦为例

4.5.1　文献基础

利用粮食储备的增加与释放来影响市场供求关系进而调控粮食价格是一种被普遍采用的市场管理手段。早在先秦时期，中国的市场管理者就开始实行该政策，比较有名的有范蠡“平粜法”和李悝的“平籴法”。汉宣帝时，大司农中丞耿寿昌令“边郡皆筑仓，以谷贱时增其贾而来，以利农，谷贵时减贾而粜，名曰常平仓。”此后两千年里常平仓都是新中国成立以前中国最主要的粮食储备形式和熨平粮食价格波动的主要工具。目前，粮食储备政策在农业政策体系中依然占据重要地位，大部分国家都组建或指定了专门机构来负责粮食储备和释放事务，例如中国的储备粮管理总公司、美国的商品信贷公司、法国的粮管局、澳大利亚小麦局、日本全国大米集货团体和印度粮食公司等。

本书所指的政策性粮食主要是通过最低收购价收购、国家临时存储、中央储备收储和粮食进口等因政策性目的而获得的粮食。在粮食市场化之前的很长一段时间里，国有粮食企业既从事政策性粮食的经营管理，也从事经营性粮食的经营管理。这种混营状态使其掌控了“以公肥私”的机会，政策性粮食款项大量被挪用于经营性业务，而大量经营性亏损转化为政策性亏损，甚至大量资金被挪为消费性支出和被侵吞。政策性粮食管理面临的“委托代理”难题使得原有的政策性粮食销售办法难以为继。为了解决长久以来的政策性粮食委托代理问题，中国政府出台并完善了两项具有决定性意义的政策：一是在 2000 年成立中国储备粮管理总公司及其分公司系统来专门负责中央储备粮和政策性粮食管理事务，并用十余年的时间构建起受中央政府直接控制的粮食储备和管理体系，解决了困扰政府几十年的政策性粮食业务和经营性粮食业务不分的问题；二是在 2006 年正式确立并实施政策性粮食在指定批发市场常年常时公开竞价销售制度。这两项政策调整力图实现两个目标：一是通过政策性业务和经营性业务的彻底分开斩断代理人攫取个人利益的渠道，解决政策性粮食管理企业在经营中的道德风险问题；二是通过竞价销售政策对于执行时机和最低销售价格的严格要求在防止政策性粮食管理企业低价销售储备粮形成新的经营性亏损的同时，又使得其可以作为释放粮食库存平抑粮食市场价格的有效手段，防止过高粮价诱发负面的经济与社会效应。政策确立以来的实践证明，这两项政策调整的确在很大程度上消除了政策性粮食管理企业的机会主义行为，遏制了粮食经营性亏损的增长趋势。但竞价销售是不是真正起到了平抑粮食市场价格的作用却仍需深入研究。

关于库存（或储备）与价格之间关系的研究一直备受关注。早期的理论研究主要围绕着竞争性库存模型（Competitive Storage Model）展开的。该模型认为库存是决定商品价格变化的主要因素。当市场价格低于预期价格时，经济主体会依照理性预期假设增加库存减少当前销售量。当预期市场价格将下跌时，经济主体就没有动力增加库存，相反减少库存将成为理性的选择。类似的文献参见 Gustafson（1958）、Wright、Williams（1982）、Deaton、Laroque（1992）等。然而，竞争库存模型所反映的库存与价格之间的理论关系并没有得到所有研究者的认同（Wright，Cafiero，2011）。近几年，全球粮价的剧烈波动使得库存与价格波动之间的关系再受关注。有的研究显示库存变化对粮食价格表现有显著影响（Stigler，Prakash，2011），而有的研究却发现这种影响即使有也十分微弱（Dawe，2009；Roache，2010）。

现有的文献中更多研究是围绕着作为农业政策工具的粮食库存（或储备）的政策绩效评价展开的。尽管 Waugh F（1944）和 Walter Oi（1961）利用消费者剩余和生产者剩余理论证明了用缓冲储备稳定价格比自由市场更能增进社会福利，但后续的研究却有很大分歧。有的研究显示粮食库存政策不仅有利于粮价稳定，而且对经济稳定有积极作用。Johnson，D. G.（1975）认为美国、加拿大和澳大利亚实施的缓冲库存和价格支持政策是1960年代全球粮食价格稳定的原因，而库存的减少则是导致1970年代价格不稳定的根源。Newbery D M G和Stiglitz J E（1979）的研究证明，调节性库存储备造成了福利从生产者向消费者的大量转移，但从整体上看该政策对经济是有利的。Arzac，E. R.（1979）利用随机控制和动态分析方法研究显示谷物库存管理可以起到稳定价格和支持农民收入的作用。A. J. Rayner、G. V. Reed（1978）对欧共体缓冲库存对稳定农产品价格的作用进行了理论分析，认为欧盟粮食缓冲库存政策是可取的。Thomas C. Pinckney（1993）利用动态规划优化模型对南部非洲玉米的研究显示较有弹性的价格政策可以比自由市场机制更低的成本实现玉米价格的稳定。T. S. Jayne、Robert J. Myers、James Nyoro（2006）运用向量自回归模型和虚拟事实因果模型研究了肯尼亚1989—2004年间的粮食价格稳定政策，研究显示玉米储备政策起到了稳定玉米价格的作用。然而，大量的研究也得出了完全相反的结论。Newbery，D. M. G和Stiglitz，J. E（1981）系统地批评了主张通过储备实施价格稳定政策的观点。Miranda，J. M和Helmberger，P.（1988）利用理性预期模型和随机模拟方法研究显示美国的大豆库存政策降低了大豆的长期价格，并损害了生产者的收益。Wright和Williams（1982）认为不断增加的粮食库存加剧了粮食生产的不稳定性，而Sarris和Freebairn（1983）则发现粮食储备加剧了粮食价格的不稳定性。Robert Matheson等（1994）对加拿大大麦市场的研究显示政府的价格稳定政策并不能起到稳定价格的作用，反而延长了大麦价格在遇到冲击后向均衡价格收敛的时间。有研究人员等认为印度保持粮食库存对于稳定国内价格来说是不经济的。有人对坦桑尼亚的研究显示政府储备的释放加剧了粮食价格的波动。类似的研究成果还有Baily、Kutish、Rojko（1974）、Rojko（1975）、Edwards、Hallwood、（1980）、Cummings、Rashid、Gulati（2006）、Athanasioua、Karafyllisb、Kotsiosa（2008）、Sutopo等（2009）等。

国内关于粮食储备的研究很多，但就粮食储备与粮价关系的文献并不多。苗齐和钟甫宁（2006）研究显示储备规模与价格之间存在反向变动关系；常清和秦云龙（2007）通过定性分析认为价格走势与国储小麦数量及拍卖情况有很密切的关系，小麦拍卖使得价格回落；钟甫宁（2011）认为粮食储备可能延缓市场价格的信号作用，把本来不严重的短缺倾向积累成巨大的波动。此外，胡小平（1999）、马九杰和张传宗（2002）、仰炬、王新奎、耿洪洲（2008）对该问题也有间接的研究。尽管国内外学界对粮食储备对粮食价格的影响问题有了很多讨论，但这些分析基本上都是围绕粮食储备（或库存）对粮食价格的长期影响展开的，而对储备粮的释放与市场价格的短期关系的实证分析却不多见，国内对于该问题的讨论更是少见。本书以小麦为例尝试性地讨论中国政策性粮食的释放对其市场价格的影响。本书以下的内容结构如下：第一部分讨论政策性粮食竞价销售政策的执行情况与特征事实；第二部分通过实证研究讨论竞价销售政策实施中关键变量之间的关系进而论证政策的有效性；第三部分为研究结论与政策启示。

4.5.2 数据描述及问题的提出

根据中国储备粮管理总公司和中华粮网提供的资料，小麦竞价销售的几个主要经济指标——计划销售量，成交量，成交价格，同期现货平均价格，同期期货平均价格，以及成交率——之间存在一些重要的关系。我们用 Q_p、Q、P_a、P、P_f 和 R 来分别表示计划销售量，成交量，成交价格，同期现货平均价格，同期期货平均价格和成交率。

图 4－9 反映了从 2006 年 11 月到 2012 年 5 月共 271 批次政策性小麦竞价销售的计划销售量、成交量与成交率各自的变化趋势。从 2006 年全国统一电子竞价交易系统平台启用，政策性小麦的竞价交易活动平稳开展，除了节假日和小麦最低收购价政策执行期间，几乎每周都有交易。国家粮食局历次发布的计划交易量（Q_p）是政府主管部门希望投放的小麦数量，可以反映出政府的政策意图。2010 年之前的计划交易量不太稳定，高的一次可以达到 400 万吨，少的不到 20 万吨。2010 年以后计划交易量趋于稳定，基本保持在 450 万吨左右。2011 年 8 月以后，每次发布的计划交易量再次调整到 300 万吨左右。与计划交易量相比，实际成交量则表现出更大的周期性。一般一年中的第一、第二和第四季度成交规模相对大一些，而第三季度较小。从最近五年多的规律趋势看，2009 年 4 月份以来的小麦拍卖成交率较前两年明显降低，部分时期趋近于零。

拍卖价格是反映拍卖成交情况的另一个指标。无论是最低收购价粮食还是国家临时收储的粮食，在进行拍卖时都会事先根据收购价和储存成本确定政策粮的最低起拍价。由图 4－10可知小麦的拍卖价格在过去几年伴随着市场价格不断攀升。大部分时间里，由于拍卖的小麦多为前两年的陈粮，故拍卖价格低于同期市场报价。小麦的拍卖价（P_a）和市场平均价（P）之间在一定程度上存在着变化趋势的一致性，而拍卖价（P_a）与期货价格（P_f）之间的关系似乎并不明显，部分时期的变化趋势反而是相反的（图 4－9）。

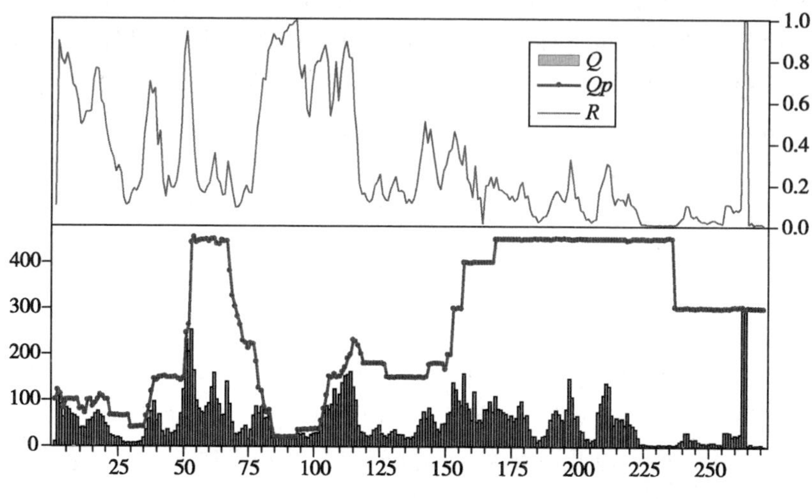

图 4－9　政策性小麦销售规模变化趋势

注：横轴为拍卖批次。由于小麦竞价销售每周一批次，除了节假日和按规定暂停交易的时期外，从 2006 年 11 月 3 日到 2012 年 5 月 30 日共交易 271 批次。计划交易量和实际成交量的单位为万吨。数据来自中国储备粮管理总公司和中华粮网。

拍卖成交率和市场价格之间似乎存在一定相关性。当市场价格处于上升期时，拍卖成交率往往较高。例如 2007 年第四季度，2008 年 8 月份到 2009 年 2 月份，还有 2009 年第四季度。这段时间的拍卖价格和市场价相对差距较小。而在市场价格稳定期，拍卖成交率一般较低，拍卖成交价和市场价之间的差距也相对较大。

通过以上两组分析可以大致得出以下推断。第一，政策性小麦的拍卖价格与现货价格之间存在很强相关性，这种相关性能否构成长期的均衡关系，以及短期关系如何的是检验竞价销售政策效果的重要依据。此外，期货价格与现货以及拍卖价格之间的关系也有待验证。如果这三个价格之间存在联动关系，则可以在一定程度上验证竞价销售政策存在的必要性；第二，政策性小麦的计划销售量较大，但实际成交量要小得多，如此小的量能否会对市场价格造成影响有待验证。甚至，直观地看市场价格的高低直接影响着拍卖的成交率，是价格走势影响拍卖规模还是拍卖规模影响价格走势需要有一个明确的结论。下面将对这些问题展开实证分析。

4.5.3　实证分析

4.5.3.1　数据平稳性检验

在利用现有数据进行实证分析之前，我们有必要先考察变量的平稳性问

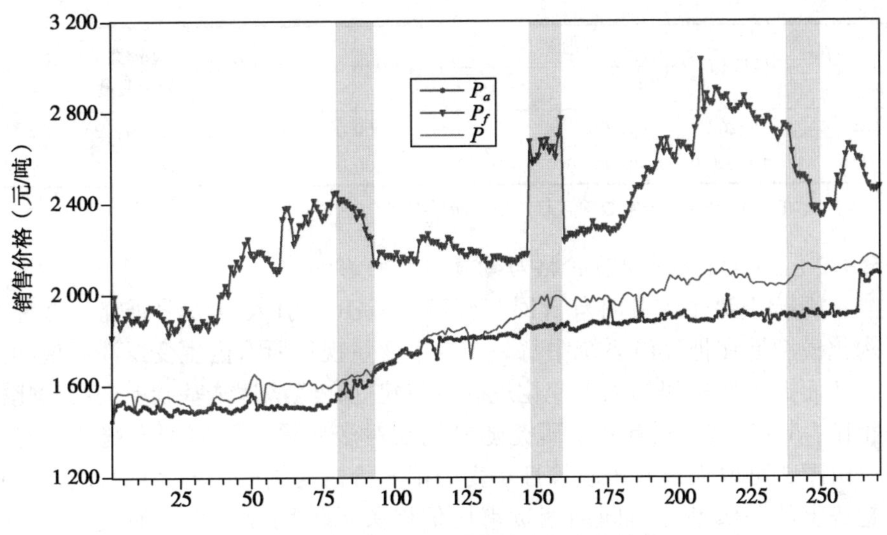

图 4-10 政策性小麦销售价格变化趋势

资料来源：中国储备粮管理总公司和中华粮网。

题。首先对 R 之外的变量进行对数化处理，新变量表示为在原变量之前加 L。本研究利用 Dickey 和 Fuller 提出的 ADF 检验法对各变量进行单位根检验，以确定变量的平稳性，滞后阶数和检验类型按 AIC 值最小的准则选取。通过检验发现，LP、LP_a、LP_f和 LQ_p均为非平稳变量。我们对非平稳变量的处理采用差分法，dLP、dLP_a、dLP_f和 dLQ_p分别表示对相关变量取一阶差分值。由表 4-5 可知，经过处理后所有的数据序列在 1% 的显著水平下都是平稳的，所以它们都是一阶单整的。此外，ADF 检验显示 LQ 是平稳的。

表 4-5 各变量的 ADF 检验结果

变 量	检验值	临界值		P 值	AIC 值	检验类型 (c, t, k)	结 论
		5%	1%				
LP	-2.745 2	-3.426 62	-3.992 540	0.219 4	-9.463 6	(c, t, 1)	不平稳
LP_a	-1.819 9	-3.920 4	-3.992 670	0.692 5	-6.077 7	(c, t, 2)	不平稳
LP_f	-2.981 9	-3.426 56	-3.992 411	0.139 3	-4.458 2	(c, t, 1)	不平稳
LQ_p	-1.977 19	-2.872 1	-3.454 625	0.296 9	-1.295 9	(c, 0, 2)	不平稳
LQ	-4.036 89	-3.426 6	-3.992 411	0.008 7	1.473 1	(c, t, 0)	平稳
dLQ_p	-8.599 89	-1.942 0	-2.573 619	0.000 0	-1.285 9	(0, 0, 1)	平稳
dLP	-23.412 3	-2.872 1	-3.454 534	0.000 0	-5.933 1	(c, 0, 1)	平稳

（续表）

变　量	检验值	临界值		P 值	AIC 值	检验类型（c，t，k）	结　论
		5%	1%				
dLP_a	-15.268 9	-2.872 1	-3.454 6	0.000 0	-6.079 013	（c，0，2）	平稳
dLP_f	-19.090 9	-1.942 0	-2.573 6	0.000 0	-4.499 1	（0，0，1）	平稳

注：C、T 和 K 分别代表常数项、趋势项和滞后期。

4.5.3.2　拍卖价格对现货价格与期货价格的影响

希姆斯开创性地将向量自回归模型（VAR）引入经济学研究，这种非结构化模型旨在把经济系统中每一个内生变量视作所有内生变量滞后值的函数，从而揭示变量间的动态变化规律，与建立在经济理论基础上的结构化模型相比，VAR 模型更有助于研究随机扰动对多变量时间序列系统的动态影响。由图 2 可以大致看出政策性小麦的拍卖价格与当期市场平均价之间存在着趋势上的一致性，与同期期货市场价格关系不明显。为了研究 LP_a、LP 和 LP_f之间的动态关系，我们利用这三个一阶单整变量构建 VAR 模型。为了保证 VAR 模型参数具有较强解释力，必须在滞后期与自由度之间寻求均衡。笔者应用 Eviews6.0 软件，基于 LR（似然比）检验统计量、FPE（最终预测误差）、AIC 信息准则、SC 信息准则与 HQ 信息准则五个常用指标将滞后长度确定为 2 期。

由于 LP_a、LP 和 LP_f均是一阶单整序列，这些变量可能存在某种平稳的线性组合，从而反映变量间可能存在长期稳定的协整关系。关于协整关系的检验与估计有许多方法，如 EG 两步法、Johansen 极大似然法、Park（1992）法、自回归分布滞后模型（ARDL）方法，频域非参数谱回归法、Bayes 方法等等。但从蒙特卡洛模拟结果看，Johansen 检验总体上优于其他的检验方法。因此，可利用 Johansen 检验（JJ 检验）来判断它们之间是否存在协整关系，并进一步确定相关变量之间的符号关系。表 4-6 是 3 个变量的 JJ 检验结果，结果显示存在一个协整关系。

表 4-6　价格变量的协整检验结果

零假设：协整向量的数量	特征根	迹统计量	5%临界值	P 值**
没有*	0.109 3	41.080 9	35.010 9	0.010 0
最多一个	0.021 3	9.945 2	18.397 7	0.485 8
最多两个*	0.015 34	4.157 6	3.841 5	0.041 4

注：带有“*”标记的表示在 0.05 的显著性水平下拒绝原假设，P 值依据 MacKinnon-Haug-Michelis 提出的临界值所得。

三变量之间的协整方程如下：

$$LP = 0.939\,507 * LP_a + 0.256\,472 * LP_f + 1.486\,961 \quad (式4-1)$$
$$(0.068\,96) \qquad (0.059\,22)$$
$$[-13.623\,2] \qquad [-4.330\,72]$$

协整方程显示，政策性小麦的拍卖价格和小麦期货价格与小麦的现货价格有正向关系，其中拍卖价格的关系更为紧密一些。在建立 VAR 基础上进行 GRANGE 因果检验能够进一步揭示各变量之间的动态关系。本书采用 Block - Exogeneity - Wald 检验方法来检验各变量对于 VAR 模型的外生性。检验原理是：如果系统内某一分量的变动对 VAR 模型预测效果无显著影响，则认为能够将该变量从系统中排除掉，其本质上是一个基于多变量 VAR 模型的 Granger 因果检验。检验原假设为被检验变量不是 VAR 模型中各分量的 Granger 原因，检验采用的 Wald 统计量趋于 $\chi2$（P）分布，df 是滞后期，也是统计量的自由度。VAR 模型的 GRANGE 因果检验结果汇总见表 4 - 7。

表 4 - 7 VAR 模型的 GRANGE 因果检验结果汇总

解释变量	排除变量	Chi - sq	df	P 值
LP	LP_a	20.100 9	2	0.000 0
	LP_f	8.832 7	2	0.012 1
	ALL	22.413 3	4	0.000 2
LP_a	LP	1.688 4	2	0.429 9
	LP_f	0.050 8	2	0.974 9
	ALL	2.667 1	4	0.615 0
LP_f	LP	3.376 4	2	0.184 9
	LP_a	3.142 3	2	0.207 8
	ALL	6.356 4	4	0.174 1

由 VAR 模型的 Granger 因果检验显示，被检验变量小麦拍卖价格 LP_a 和小麦期货价格 LP_f 不是 VAR 模型中小麦市场现货价格 LP 的 Granger 原因的原假设被拒绝，说明这两个变量不能被排除，可以用来解释小麦市场现货价格的波动情况。而另外两组检验的原假设不能被拒绝，则说明在现有模型设定下，小麦拍卖价格和期货价格的波动情况并不能分别被另外两个变量所解释。利用 LP_a、LP 和 LP_f 两两进行协整检验发现 LP_a 与 LP 之间存在协整关系，LP 和 LP_f 之间存在协整关系，LP_a 和 LP_f 之间不存在协整关系。同时，

格兰杰因果检验显示 LP 是 LP_f 的格兰杰原因。由此可以发现，如果拍卖价格对期货价格也有影响的话，那么这种影响很可能是通过现货价格传导的。

为了进一步分析政策性小麦拍卖价格对现货和期货价格的影响，我们从动态的角度利用脉冲响应继续进行考察。对上述 VAR 模型进行稳定性检验显示该 VAR 模型特征方程所有根的倒数的模小于 1，即全部根的倒数值均位于单位圆内，因此，VAR 模型是稳定的，具备进行脉冲响应函数分析的基础条件。脉冲响应分析描述了小麦现货价格与期货价格对拍卖价格一个标准差新息的响应。图 3 报告了冲击发生后 20 期内小麦现货价格与期货价格反应的动态机制。从图 4－11（1）中可以看出，在本期给拍卖价格一个标准差的冲击后，现货价格在 20 期内都受到持续的正向冲击，而且实验显示直到第 200 期左右才基本收敛到 0。这说明拍卖价格对现货价格具有较长的持续效应。图 4－11 显示小麦期货价格一个标准差的冲击在前两期对期货价格产生正的冲击，而从第 3 期到第 13 期都为负的冲击，从第 14 期开始又变成正的冲击。政策性小麦的竞价销售虽然是现货交易，但交割时间可以因交易规模和交易时间段延后最长 60～90 天（表现为脉冲响应函数的时期为 8～12 期）。这在一定程度上对小麦期货交易造成一定影响。如果拍卖价格上涨，说明现货交易增加，小麦需求方小麦库存可能增加，未来对小麦的需求可能会减少。这可能可以解释为了脉冲响应函数表现出拍卖价格的正冲击经市场传导后会对期货价格带来负面的影响。然而，这种影响在三个月（即 12 期）之后便消失了。

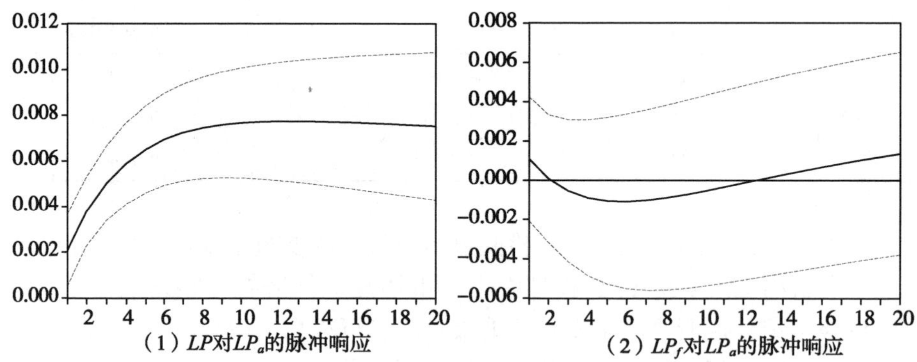

图 4－11　小麦现货价格与期货价格对拍卖价格的脉冲响应函数

4.5.3.3　拍卖规模对市场价格的影响

由图 4－11，我们可以大致发现拍卖成交率与价格之间存在一定的正向关系，即价格上涨时成交率较高，而价格回落和稳定时成交率偏低。那么决定成交率的计划销售量（Q_p）和成交量（Q）与市场价格（P）之间存在什么关系呢？ADF 检验显示 Q_p和 P 不平稳，Q 平稳。为了使得分析结果具有经济学意义，我们利用三个变量的一阶差分量进行分析，一阶差分量是在原变量之前加 d。ADF 检验显示 dQ_p、dP 和 dQ 都是平稳的。下面利用 dQ_p和 dP，以及 dQ 和 dP 分别构建 VAR 模型，并在 VAR 模型的基础上进行 GRANGE 因果检验和脉冲响应分析。应用 Eviews6.0 软件，基于 LR（似然比）检验统计量、FPE（最终预测误差）、AIC 信息准则、SC 信息准则与 HQ 信息准则五个常用指标将滞后长度均确定为 2 期。VAR 模型稳定性检验两个 VAR 模型都是稳定的。

Grange 因果检验显示，计划销售量变化量与市场价格变化量之间互为 Grange 原因。价格变化量是成交量的变化量的 Grange 原因，而成交量变化量却不是价格变化量的 Grange 原因。在竞价销售政策实施过程中，国家粮食和交易中心在每次交易公告中宣布计划交易的小麦规模。这个规模是政府打算释放的库存量，同时也反映出政府对当前小麦市场价格走势的基本判断。因此，小麦现货价格对计划交易量的变化做出反映是正常的市场表现。而价格变化量是计划拍卖量的 Grange 原因可能仅仅是一个统计结果。当然，国家粮食局可能会在粮价高企时增加储备粮投放规模，但从 2010 年以来的情况看，计划销售量基本上是稳定的。检验结果显示小麦成交量的变化并不是价格变化的 Grange 原因，这与一般的经济学理论是相悖的。但是如果考虑到政策拍卖成交率的低迷和绝对量与市场需求相比之微不足道，这个统计结果也具有合理性。小麦价格变化是成交量变化的 Grange 原因，这在统计学意义上支持了经济主体对小麦需求的一般假设：即价格上升时期，小麦加工企业更愿意收购小麦。VAR 模型的 Grange 因果检验结果汇总见表 4－8。

表 4－8　VAR 模型的 Grange 因果检验结果汇总

解释变量	排除变量	Chi－sq	df	P 值
dP	dQ_p	7.707 4	2	0.021 2
dQ_p	dP	12.582 3	2	0.001 9
dP	dQ	0.045 3	2	0.977 6
dQ	dP	5.507 8	2	0.043 7

脉冲相应函数以更加形象的方式反映了各指标之间的关系。由图 4－12（1）发现，在本期给计划交易量一个标准差的冲击后，小麦价格在前两期

有负向变化。说明计划交易量的正冲击会给小麦价格带来负面的影响。这种结果是符合一般认知的。图 4 – 12（3）反映了小麦价格对成交量新息的响应，同样也是负向的，但变化较为微弱。图 4 – 12（2）和图 4 – 12（4）反映的是交易规模对价格新息的响应情况，可以看到都是同向响应的。该结论和上面的 Grange 因果检验结果可以相互呼应。

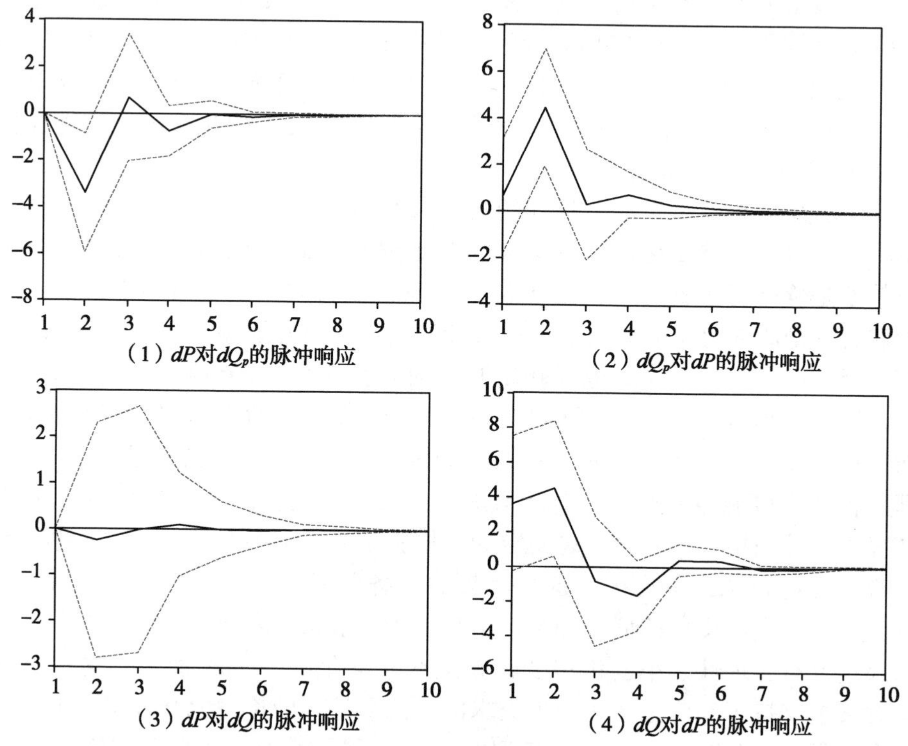

图 4 – 12　拍卖规模与价格之间的脉冲响应函数

4.5.4　研究结论

作为政府调控粮食市场价格的重要手段，政策性粮食竞价销售能否对市场价格造成影响是验证其政策效果最直接的手段。鉴于政策性粮食竞价销售实施的时间仅有几年，其长期影响还难以展开讨论。本书以政策性小麦为例，讨论拍卖规模和相应价格数据之间的相互关系，以此间接分析竞价销售的政策效果。本文研究发现，竞价销售的拍卖价格与现货价格和期货价格之间存在协整关系，而且可以利用拍卖价格来解释现货价格的变化情况。脉冲相应分析显示拍卖价格对现货价格的影响是持续的。研究发现，计划销售量对小麦现货价格的影响很明显，而实际成交规模的影响却有限。这说明竞价拍卖政策本身具有的信号功能要大于实际的市场供给功能。这可能因为成交规模与小麦总需求相比微乎其微，有限的供给变化对市场供求关系的影响几乎可以忽略不计。相反，小麦价格的变化却直接影响着实际成交规模的变化。计划销售规模和实际成交规模与价格之间的脉冲响应分析支持了上述结论。

现有的研究结论似乎并没有有力地支持小麦竞价销售政策所具有的平抑市场价格的作用。但是这个研究结论与我们直观的感受并不矛盾。政策性竞价销售出台的第一个目标就是要防止储备量被低价销售进而形成亏损，在粮价高企时通过增加投放平抑市场价格只能是次要目标。除了在 2008 年国际粮价上涨期间国内竞价销售成交率较高外，其他时期的成交率一般很低。尽管如此，根据现有数据可以匡算，截至2011 年底大约有 78% 的 2011 年之前收储的小麦已经通过该方式销售了出去。截至 2010 全国通过最低收购价政策收购的小麦大约有 1. 74 亿吨，而截止到 2011 年底通过全国统一电子竞价交易系统平台售出的小麦大约有 1. 36 亿吨。考虑到 2011 年销售的小麦应该不是当年收购的，故可以大致匡算截止到 2011 年底大约有 78% 的 2011 年之前收储的小麦已经通过该方式销售了出去。也就是说，大部分收购的小麦可以通过竞价销售实现释放，有效避免了小麦的陈化和滞销。竞价销售对市场价格的作用之所以没有预想的那么明显很可能与中国近三年国内粮食行情有很大关系。近些年尽管国际粮价波动很大，但国内粮食产量连续增产，国内市场供给相对宽松，竞价销售成交率较低就是一个直接的指标。在这种市场格局下，竞价销售对市场的边际影响就会很微弱。但是一旦国内供给紧张，竞价销售的作用很可能就会凸显出来。这个判断还需要更长实践的检验。当然，本书的研究结论是在对现有数据分析的基础上得出的，其结论的可靠性可能与数据的可靠性以及分析方法的科学性有很大关系。更为深入的研究需要更加全面的数据和更为科学的方法，希望本文能够发挥抛砖引玉的作用。

4.6 小　结

作为政府实施农业价格支持政策，调控粮食市场价格的重要手段，政策性粮食的拍卖在释放粮食库存的同时也在影响着粮食市场。在粮食价格上涨时，如果政策性粮食的拍卖活动不能起到抑制价格上涨的作用，那么该政策的效果起码会丧失一半。具体地讨论拍卖对市场价格形成的决定性是很难的，尤其是分析需要的数据不能够完全获得时。好在现代统计和计量方法为实证研究提供了简便而又实用的工具。

DID 分析的结果对小麦拍卖的政策效果予以了明确的支持，但对籼稻拍卖的政策效果的评价较为复杂。从小麦和籼稻拍卖情况的比较看，政策效果明显与否与拍卖的规模有很大关系。在 2010 年，籼稻的拍卖规模大幅提高，相对于地其政策效果也明显地得到了实证研究支持。通过拍卖相关数据和市场数据之间的关系的分析，可以发现拍卖价格和市场价格之间存在长期均衡关系。同时，计划拍卖规模的变化对市场价格的变化具有明显的解释力。脉冲响应分析方法对这种解释力的存在形式做了较好的描述。

当然，分析仍然显得不够充分，需要进一步讨论的问题还有很多。一些符合经济现实的假设无法得到现有数据的证实，进一步的工作还需要更加有效的方法和更加可靠的数据。

第5章 粮食国际贸易政策的价格调控效应

在加入WTO之前，学界对于加入WTO后农业（尤其是粮食产业）面临的贸易冲击担忧不已。为了应对这种冲击，在入世谈判时中国政府还争取了防止粮食大量进口的关税配额管理政策。十年过去了，中国的粮食贸易格局基本成型，当初担忧的问题似乎并没有出现。贸易政策对粮食价格的影响是怎样的，尤其是全球粮食危机爆发时的中国粮食贸易政策的效应如何是本章需要重点讨论的内容。

5.1 粮食贸易与国际贸易政策概述

5.1.1 经济发展与粮食贸易

我们一般习惯将发达国家和发展中国家分别称为工业国家和农业国家，其言外之意就是农业代表着落后的经济发展水平。诚然，从一国经济结构变化的角度看，农业比重的降低的确是经济发展的重要标志，该结论早已被库兹涅茨和钱纳里等人的研究证实。库兹涅茨在其1966年出版的《现代经济增长》一书中利用当代主要发达国家的时间序列统计资料，归纳了这些国家在工业化过程中呈现出的共同的本质特征。库兹涅茨发现，在现代经济增长过程中，总产量的部门构成会发生如下变化：农业及有关产业部门的份额下降，制造业和公共事业的份额上升。与生产结构的这样一种变化相对应的是劳动力分布结构的变动，在农业及相关行业就业的劳动力的份额大幅度下降，工业部门的份额增加不大，而服务部门的份额则出现大幅度的上升。钱纳里则在1975年利用101个国家的横截面数据，经过统计分析得出了和库兹涅茨基本一致的结论。

既然发达国家的农业比重在降低，发展中国家的农业比重较高，那么国际农产品贸易的合理格局应当是发展中国家出口农产品，发达国家进口农产品。但是，现实世界的农产品贸易格局却并非如此。从粮食净进口量看，发达国家和发展中国家发生了3次明显的身份转变。发达国家在上世纪六七十年代为粮食净出口经济体，1981年转变为粮食净进口者，1994年再次转变为粮食净出口地区，虽然之后粮食净出口量曾有较大波动（1995年、1996年、2003年），但总体仍属于粮食净出口地区；发展中国家则相反，1981年之前属粮食净进口者，1982年起转变为粮食净出口者，到1996年又再次转变为粮食净进口者，虽然之后粮食净进口量也有波动但总体仍属于粮食净进口地区；低收入国家则保持了一贯的粮食净进口态势（封志明，赵霞，杨艳昭，2010）。粮食主要净出口国有美国、法国、加拿大、阿根廷、澳大利亚、泰国等国，发达国家占大部分。粮食主要净进口国有日本、韩国、荷兰、墨西哥、伊朗、埃及、西班牙、意大利等国。这些国家既有最发达的工业国家，也有发展较为滞后的发展中国家。因此，从这个角度看，决定一国粮食贸易角色的因素不只是该国经济结构，还要取决于一国的人地结构。前面列出的主要粮食进出口国，除了泰国和法国属于传统的粮食生产国外，其他国家均是地广人稀的国度，有着极其优越的农业生产优势。

经济结构的演化和人地结构的不同使得发达国家的粮食贸易角色发生了不同变化。美国、加拿大和澳大利亚等人地结构十分宽松的国家，其粮食生产的劳动生产率很高，在国际市场的竞争力较强，故可以在实施较低保护水平的情况下就可以保障国内粮食生产的自然发展。欧洲国家的人地结构要远劣于美国，当工业化的发展导致耕地减少、农业经济效益下降的时候，这些国家寻求的是高水平的农业支持，以实现区域内的食物自给，这也是欧盟共同农业政策出台的主要动因。当粮食自给的目标实现时，以高补贴为标志的粮食出口政策使得他们在国际粮食市场占据了一席之地。而人地结构极其紧张的东亚国家日本和韩国在工业化过程中同样遇到了农业自然资源减少，农业效益降低的问题，解决的办法依然是农业支持，但支持的努力并没有完全阻挡粮食自给能力降低的趋势。尽管日韩两国的农业支持力度很大，但仍然成为了主要的粮食进口国。

各国生产者支持估计占农业生产者总收入比重见图5－1。

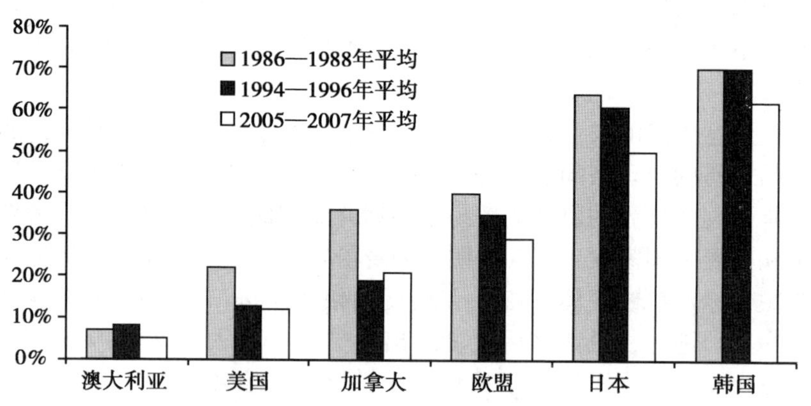

图5－1　各国生产者支持估计占农业生产者总收入比重（%PSE）

中国的人地结构和日韩类似，而工业化和城镇化水平却远落后于日韩两国。中国经济社会的发展对国内粮食生产带来了两个挑战：一是工业化和城镇化对耕地资源和水资源的占用必然会使得农业用地减少；二是社会发展带来的收入水平的提高使得国内粮食需求（包括饲料粮需求）只能会进一步增加。这两点使得中国未来的国内粮食供求矛盾趋于紧张，粮食进口必然也会像日本和韩国一样成为一个不得不做的选择。就目前的中国粮食贸易状况看，增加粮食进口似乎是一个必然的选择。该问题将在下文详细讨论，此次不予细述。

5.1.2 粮食国际贸易政策的主要形式

作为国内农业支持政策的延续，粮食国际贸易政策的倾向主要取决于本国的国内农业支持政策。一般来说，各国政府会在保障本国粮食供给和保护本国农业发展这两个目标之间保持一种平衡，并根据这两种目标的优先序来选择国际贸易政策。对于粮食生产能力很强，粮食过剩的国家而言，促进粮食出口的国际贸易政策更有利于保护本国农业；对于粮食自给能力很差的国家，保障粮食进口稳定并不让进口危及本国农民利益的粮食国际贸易政策便是理想的政策。这两种国家的代表分别是美国和日本。而介于美国和韩国之间的经济体便是欧盟。不管哪种类型的国家，其粮食国际贸易政策的主要形式无非以下几种：

5.1.2.1 进口限制措施

不管是粮食自给能力强的国家还是弱的国家，他们在实施粮食进口时都会面临国内粮食生产者的抵触。为了避免粮食进口对本国粮食生产造成明显的消极影响，粮食进口国一般都会采取一些限制粮食进口的措施。这些措施包括关税、配额、市场准入政策、技术壁垒等。2007 年美国对从最惠国进口的农产品征收的平均关税为 8.9%，是非农业部门保护水平的 2 倍多。其中配额内的关税平均为 9.1%，最惠国配额外的平均关税为 42%；欧盟目前执行的农产品平均进口关税税率为 18% ~28%，远高于欧盟为保护制造业而执行的 3% 的进口关税。为履行乌拉圭回合《农业协议》关于开放农产品市场的义务，欧盟也采取关税配额政策替代过去限制市场准入的政策。除了关税措施外，动植物卫生检疫限制是目前欧盟采取的限制发展中国家出口的主要贸易壁垒措施。日本的粮食进口限制措施除了关税和配额，更主要的措施是非关税政策，包括立法禁止或限制进口、建立进口许可制度、数量限制和价格限制，以及极其繁琐和复杂的技术壁垒和绿色壁垒措施。日本对能够基本自给的大米的进口限制尤为严格，使得国内大米价格保持着较高水平。

5.1.2.2 出口促进措施

对于主要的粮食出口国，粮食的出口促进措施在粮食国际贸易政策中占据重要地位。美国对粮食出口实行了几十年的补贴措施，目前虽然直接的补贴因违背 WTO 规则而大量削减，但其他变相的补贴措施同样起到了降低出口粮食价格的作用。这些政策包括出口信贷担保计划、供货方信贷担保计划（SCGP）、设施担保计划（FGP）、海外市场开发合作者计划（FMDCP）、新兴市场计划（EMP）等。对于大部分欠发达国家而言，粮食出口是外汇收入的主要来源，其鼓励粮食出口的政策主要包括出口补贴、出口退税等。

5.1.2.3 粮食进口稳定措施

对于主要的粮食进口国，保障粮食进口渠道的稳定是实现本国粮食安全的有效手段。像日本、韩国、埃及和沙特阿拉伯等稳定的粮食进口国基本上都会和主要的粮食进口国建立稳定的粮食进口关系。除了构建稳定的进口渠道外，一些有能力的国家也在着手在农业资源相对丰富的国家或地区进行直接的粮食生产投资，建立稳定的粮食生产基地。例如日本在巴西，沙特在非洲建立了或者尝试建立自己的粮食生产基地。其中日本在巴西的粮食生产基地为日本提供了一个相对稳定的粮食供给渠道。

5.1.2.4 防御性的粮食贸易措施

防御性的粮食贸易措施包括两方面，一是粮食出口限制，二是粮食的防御性进口。粮食出口限制政策并不是一个常态的政策，但是近几年该政策颇受国际市场关注。对于那些国内粮食供给不够稳定的国家而言，在本国粮食供给出现缺口时，限制粮食出口以增加本国供给就成为了这些国家倾向选择的政策。在 2007—2008 年国际粮价格上涨的时期，全球有不少国家采取了粮食出口限制措施。该措施一般被认为是推动国际市场粮价暴涨的因素之一。防御性进口政策的效果也在 2007—2008 年的国际粮食价格中得到了体现，一些本来粮食供给充足的国家在粮价上涨预期下也大量进口粮食，使得国际市场供求关系进一步紧张。防御性的粮食贸易措施的实施途径包括取消出口退税、征收临时性出口税、降低或取消进口税、高价补贴进口等。

5.1.3 中国粮食边境国际贸易政策的形成

与大部分发展中国家类似，在中国真正融入世界经济之前，粮食的进出口贸易一般由国家垄断经营。在计划经济时代，国家指定中国粮油食品进出口总公司（现为中国粮油进出口公司）对粮食进出口贸易进行统一管理、统一经营、统一核算。国家每年制定粮食进出口计划，由国家发展计划委员会（现国家发展和改革委员会）和中国粮油食品进出口总公司将指标分解后下达到各个省市区。在新中国成立后很长一段时期内，粮食出口一直是国家换取外汇的主要手段，为新中国的工业化发展做出了巨大贡献。

长期以来中国粮食国际贸易政策的基本特征表现为鼓励出口、限制进口，主要采取进口配额、进出口许可证等非关税措施来控制粮食的进口。改革开放以后，中国对外贸易体制进行了一系列改革，包括外贸经营权的下放、外汇管理制度、经营权和所有权的分离、汇率并轨等措施。这些措施在相当程度上增强了外贸企业的经营自主权和自负盈亏的能力，但是现行粮食外贸体制的改革较之国内粮食流通体制改革仍然严重滞后，粮食对外贸易仍然处于高度垄断状态。中国对粮食进口的管理主要是通过数量限制和国有粮食贸易企业专营进行的。国有粮食贸易企业根据国家粮食进出口计划安排粮食进出口，国家对由此而产生的进口亏损进行补贴，即国有粮食进口企业在进口时向海关缴纳进口关税和增值税，如果国内粮食市场价格低于粮食进口税后价格，由国家弥补亏损。也就是说，关税和增值税的实施并没有对进口数量产生实质性的影响，进口关税和进口环节增值税实质上形同虚设。

加入 WTO 以后，中国对粮食国际贸易政策进行了一定调整。在市场准入方面，中国取消非关税政策，大幅降低农产品关税。根据入世承诺，2005—2007 年间，中国农产品最惠国平均关税税率保持在 15.3% 的水平，2008 年降低到 15.1%。中国对主要的谷物如小麦、玉米和水稻实行关税配额管理，配额内关税税率在配额内 1% ~10%，对大豆实行单一关税管理。在出口方面，中国政府已承诺取消全部出口补贴，但保留了出口税。中国政府主要采取了另外两项相关政策消除取消出口补贴对粮食出口造成的负面形象：一是取消铁路建设基金，二是出口退税。中国政府自 2002 年 4 月 1 日对铁路运输的稻谷、小麦、大米、小麦粉、玉米、大豆等征收的铁路建设基金实行全额免征。据研究，国家免征的铁路建设基金占总运输费用的 30% ~40%。2002 年 4 月 1 日，国务院批准对大米、小麦和玉米实行零增值税税率政策，并且出口免征销项税。2005 年新的出口退税政策又补充规定，对小麦粉、玉米粉等农产品的加工产品还提高了退税率，由 5% 调高到 13%。

总的来看，中国的粮食国际贸易政策经历了一个以非关税政策为主到以关税配额政策为主，从政府垄断经营到民营经济部分参与，从出口导向到进口导向的发展过程。相应的一些细节问题将在下面进行探讨。

5.2　中国粮食贸易概况

新中国成立以来，中国的粮食（特指小麦、稻谷、玉米和大豆，其中前三者统称为谷物）贸易可以分为 4 个阶段：第一个阶段是从建国到 1960 年以前。在该阶段，中国是粮食净出口国，出口规模从 1950 年的 122.6 万吨增加到1959年的415.8万吨。出口的主要品种是稻米和大豆，1959年大豆出口为177万吨，占世界总出口量的26%。进口在50年代微乎其微；第二阶段是1961年到1991年，该阶段以粮食净进口为主。在这30年间，只有1985和1986两年粮食为净出口，其余时间均为净进口。进口的主要品种是小麦；第三个阶段是1992年到2003年，该阶段粮食以净出口为主，12年间只有1995、1996和2001三年出现粮食净进口，其余年份均未净出口；第四个阶段为2004年到现在，该阶段中国完全加入粮食净进口国家集团，而且进口规模急剧增加。不过在该阶段，进口大量增加的是大豆，谷物基本上可以实现净出口。1981—2010年主要粮食品种进出口规模见表5-1。

表5-1 1981—2010年主要粮食品种进出口规模

（单位：万吨）

时间	稻米		小麦		玉米		大豆		粮食（合计）	
	进口	出口	进口	出口	进口	出口	进口	出口	进口	出口
1981	19.1	58.3	1 307		74.8		56.5	13.6	14 574	72
1982	39.6	45.7	1 353.4		161.2		33	12.7	1 587	58
1983	16.1	56.6	1 101.9		211	6	33.4	33.4	1 362	96
1984	24.6	118.9	1 000		6	95	0	83.4	1 030	297
1985	31.3	101.9	541		9.1	633.7	0.1	115.1	581	850
1986	31.9	95.7	611		58.8	564	32.2	130.1	733	789
1987	48.6	98.9	1320		154.2	392	42.8	171.4	1565	662
1988	33.2	70.5	1454.7	0.7	10.9	391	3.3	145.9	1 502	608
1989	101.2	33.9	1 488	0.1	6.8	350	0.1	118.1	1 596	501
1990	4.9	30.3	1252.7	0.3	36.9	340.4	0.1	91	1 294	462
1991	4.6	69.2	1 236.7	0.2	0.1	778.1	0	106.5	1 241	954
1992	10.4	120.6	1 058.1	0.3	0	1 034	12.1	84.5	1 080	1 239
1993	9.6	170.9	642.3	8.7	0	1 109	9.9	34.5	661	1 324
1994	51.3	178.3	730	0	0.1	874	5.2	92.7	786	1 144
1995	164.5	5.69	1 162.7	22.52	526.4	11.5	29.39	37.51	1 883	77
1996	78.45	27.74	829.86	56.59	44.69	23.8	110.7	19.17	1 062	127
1997	35.92	95.17	192.18	45.78	0.25	668.1	279.2	18.57	507	826
1998	25.99	375.49	154.83	28.49	25.18	469.2	318.3	16.97	524	889
1999	19.13	271.54	50.52	16.45	7.94	433.2	431.5	20.39	509	741
2000	24.86	296.2	91.87	18.85	0.3	1049	1 041	20.99	1158	1 385
2001	29.34	187.04	73.89	71.32	3.95	600	1 393	24.83	1 500	883
2002	23.8	199.13	63.16	97.66	0.81	1 167	1 131	27.57	1 219	1 492
2003	25.87	261.75	44.74	252.5	0.07	1 639	2 074	26.74	2 145	2 180
2004	76.63	90.9	725.87	108.8	0.24	232	2 017	33.46	2 820	465
2005	52.15	68.59	354.41	60.46	0.4	864	2 659	39.61	3 065	1 033

（续表）

时间	稻米		小麦		玉米		大豆		粮食（合计）	
	进口	出口	进口	出口	进口	出口	进口	出口	进口	出口
2006	72.99	125.29	61.28	150.9	6.54	310.3	2 828	37.88	2 969	624
2007	48.75	135.72	10.05	308.2	3.54	485.2	3 081	43.01	3 144	971
2008	32.97	98.16	4.31	30.98	5	28.3	3 743	48.47	3785	203
2009	35.68	78.53	90.41	24.5	8.45	12.9	4 254	35.63	4 389	151
2010	35.8	59.56	121.9	0.15	158.2	12.7	5 478	18.3	5 793	89

数据来源：1981—1982 年的数据源于《中国贸易统计年鉴》，1983—1994 年的数据源于《海关统计年鉴》，1995—2010 年数据源于《2011 中国农产品贸易发展报告》。

中国谷物的进口来源地比较稳定，主要是澳大利亚、加拿大、法国、泰国和美国等几个主要的谷物出口国。中国除中国香港外的省（市、区）的谷物的主要销售市场主要是周边的几个国家和地区，其中日本、韩国、朝鲜和中国香港最为稳定。大豆的主要进口来源地是美国、巴西和阿根廷三个美洲国家，出口市场依然以日韩为主。2009 年谷物和大豆主要进口来源地和出口（销售）市场见表 5－2。

表 5－2　2009 年谷物和大豆主要进口来源地和出口（销售）市场

谷物主要销售市场			谷物主要进口来源地		
出口市场	出口量	占比重	来源地	进口量	占比重
韩国	20.96	15.30%	澳大利亚	119.80	38.02%
日本	18.61	13.59%	加拿大	61.32	19.46%
朝鲜	17.77	12.97%	法国	41.64	13.22%
中国香港	16.92	12.37%	美国	40.30	12.79%
南非	8.47%	5.45%	泰国	34.77	11.03%
大豆主要出口市场			**大豆主要进口来源地**		
出口市场	出口量	占比重	来源地	进口量	占比重
韩国	17.6	54.60%	美国	2180.5	51.25%
日本	5.06	17.78%	巴西	1599.34	37.59%
美国	5.03	10.01%	阿根廷	374.42	8.8%

注：此处进口的谷物包括了大麦，2009 年大麦进口占谷物总进口的 55.17%，其次为小麦，占 28.69%。

数据来源：《2010 中国农产品贸易发展报告》。

总之，中国目前已经成为世界上主要的粮食进口国，尤其是最大的大豆进口国。全球大豆播种面积十年间扩大36.5%，产量增加了44.2%。其中增产的7082万吨大豆的68%被中国进口（包括大豆油和豆粕的进口）。中国在国际粮食贸易中的特殊地位使得中国的粮食国际贸易政策对国际粮食市场的影响力越来越强。

5.3 粮食进口政策对粮食价格调控的影响

5.3.1 进口关税配额管理实施现状

谷物的进口关税配额管理本来是中国在加入WTO时争取的结果，其本意是防止国外谷物的大量进口对国内粮食生产造成冲击。然而，关税配额管理根本就没有起到调节粮食进口规模的作用。从配额规模看，小麦的进口配额从2002年的846.8万吨，提高到2009年的963.6万吨，其间玉米进口配额从585万吨提高到720万吨，稻米进口配额由399万吨提高到532万吨。尽管配额规模增加了，但真正的使用率却比较低。小麦配额的使用率除了2004和2005年稍微较高一点外，其余年份均不高于10%。玉米的配额使用率一直都没有超过1.5%，稻米的配额使用率也较低。总的来看，在2002到2009年间，玉米、小麦和稻米三种主要谷物的平均进口配额使用率也只有10.15%。关税配额使用率之低超出了预期的设想，希望利用关税配额制度应对进口冲击的努力似乎显得多余。谷物进口配额及其使用情况见表5－3。

表5－3 谷物进口配额及其使用情况

品种		2002	2003	2004	2005	2006	2007	2008	2009
小麦	配额	846.8	905.2	963.6	963.6	963.6	963.6	963.6	963.6
	使用率	8.1%	4.7%	75.3%	36.7%	6.4%	1.1%	0.4%	9.4%
玉米	配额	585	652.9	720	720	720	720	720	720
	使用率	0.1%	0	0	0.1%	0.9%	0.5%	0.7%	1.2%
稻米	配额	399	465.5	532	532	532	532	532	532
	使用率	5.9%	5.5%	14.4%	9.8%	13.7%	9.2%	6.3%	6.7%
合计	配额	1 830.8	2 023.2	2 215.6	2 215.6	2 215.6	2 215.6	2 215.6	2 215.6
	使用率	4.6%	3.4%	36.2%	18.3%	6.4%	2.8%	1.9%	6.1%

数据来源：农业部统计资料。

导致谷物进口配额使用率较低的原因是多元的，起码应该包括以下几个方面。

国内谷物产量增加，供给充足，谷物进口动力不足。2003年以后，中国政府逐步构建起以最低收购价、粮食直补、农资补贴和农机综合补贴为主要内容的粮食支持体系，谷物生产的经济效益提高，谷物总产量稳步提高（图5-2）。尤其是以前主要的进口品种小麦的产量6年间实现了33%的增产。总的来看，国内谷物供求平衡略微剩余，在这种供求格局下，进口的必要性大大降低。这是导致谷物进口配额使用率超低的最重要的原因。

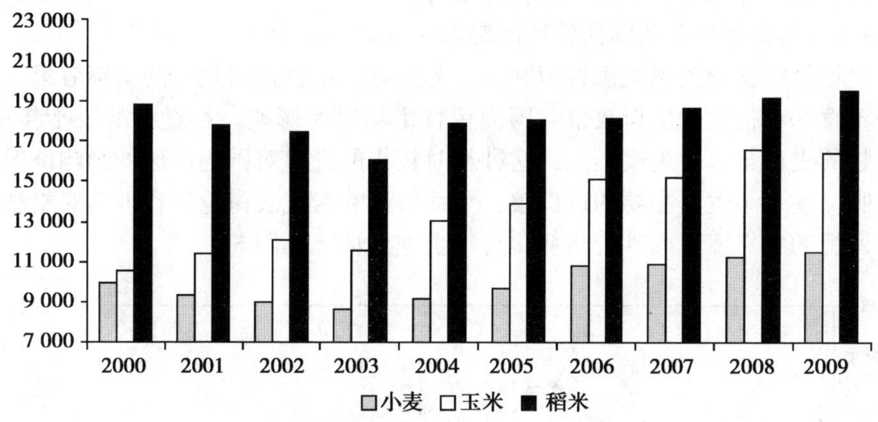

图5-2 中国主要谷物产量变化

数据来源：2010年中国统计年鉴。

中国小麦品质提高，实现了进口替代。中国在2005年之前小麦一直是主要的进口谷物品种，其主要原因是国内部分小麦产品的品种、质量难以满足国内市场需求。1996年中国优质专用小麦面积仅107万公顷。经过多年小麦生产结构的调整，大幅度压缩东北、南方劣质小麦，各小麦主产区引进推广优质专用小麦，使中国优质专用小麦短缺的状况明显改观。到2003年中国优质专用小麦面积达827万公顷，占当年小麦总播种面积的37.6%。良种补贴政策的出台为优质小麦有效的推广提供了又一个政策平台，优质小麦进口的需求进一步降低。

中国谷物进口配额的分配和实施制度在很大程度上限制了谷物的进口量。以小麦为例，中国小麦进口配额的90%分配给国有企业，非国有经济体的进口配额只有10%。而国有企业的进口很大程度上受制于国家对粮食国内供求关系的判断，在粮食供求平衡时，即使国外价格低于国内价格，只要政府相关部门认为没必要进口，国有企业也不得自行进口。在国有企业无法完成配额时，其获得的配额就应该被收回并重新分配给其他有能力进口的企业。但是非国有企业很难在剩余的配额期限内有效组织进口，故而使得剩余进口配额无法使用。

进口增值税和运输成本使得谷物进口得不偿失。尽管在2002—2007大部分时间里国际市场谷物价格低于中国国内市场价格，但是由于国际油价的上涨，粮食的国际航运费用上涨在一定程度上抵消了国内外的价格差额。需要强调的是中国对进口的谷物征收13%的增值税，这进一步提高了进口粮食的价格，降低了企业进口粮食的动力。

5.3.2 粮食进出口对国内价格的影响——以小麦为例

尽管粮食的关税配额管理并没有起到调控粮食进口规模的实际效果，但并不意味着粮食进出口政策对国内粮食市场没有影响。在过去的三十年里，谷物的进口量总体规模不大，这种相对较小的进口对国内市场的影响情况如何呢？鉴于小麦是主要的进口粮，下面将以它为代表讨论粮食进口对粮食价格调控的意义。国内外价格变化与小麦进口情况见图5-3。

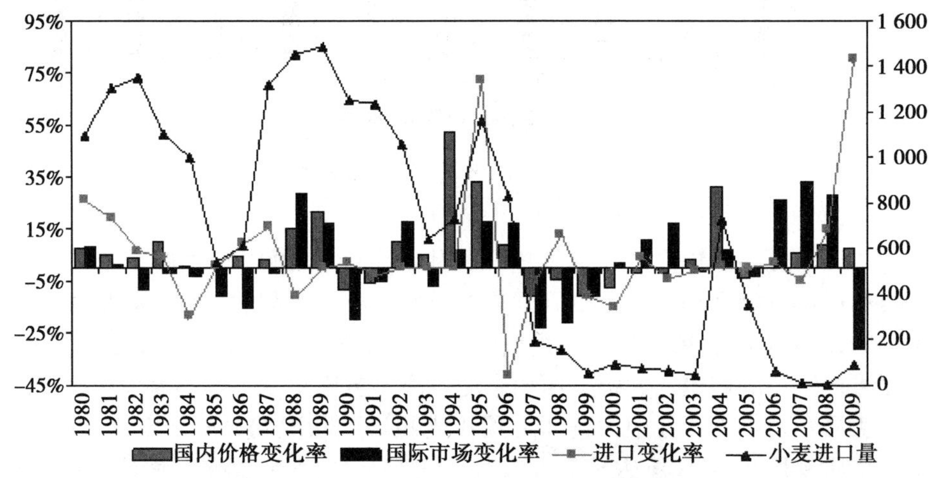

图5-3 国内外价格变化与小麦进口情况

注：国内价格变化率由生产者价格指数折算，来自《中国统计年鉴》，国外数据来自FAO数据库，进口数据中1980—1982数据来自《中国贸易统计报告》，1983—2009数据源于《海关统计年鉴》。

从1980到2009年30年间，中国小麦进口规模出现了四次周期性波动，目前正处于尚未完成的第四个周期。由国内外价格与进口规模数据的走势表现看，两者之间的关系可以大致归纳如下：①小麦的进口规模大小与国内外粮食价格变化呈正相关。一般而言，国际市场价格上涨年份，小麦的进口量较大，国内小麦价格上涨时，小麦进口绝对量较大。相反，国内外价格下跌时，粮食的进口规模相对较小；②小麦进口规模增长率与国内外价格的增长率之间存在很有意思的关系。总的来看，当国内价格增长率高于国际市场增长率时，进口规模的增长率为正的，相反为负的。30年间国内价格增长率高于国际市场增长率有17年，其中14年小麦进口增长率为正。相反，在国内小麦价格增幅低于国际市场增幅的13年中，有8年小麦的进口增长率为负。

不过，仅通过简单的图表还不能精确地厘定变量之间的关系。下面将利用统计方法讨论小麦进口与国内价格之间的关系。令国内小麦价格变化率为Pa，国际市场价格变化率为Pi，两者之差为P，小麦进口变化率为IM，净进口变化率为IMn，进口变化量为IMc。通过序列平稳性检验可以知道以上序列皆平均，一般的方法还是单位根检验，此处检验省略。

先考察国际市场价格变化率与进口变化率和净进口变化率之间的关系。通过Granger因果检验发现国际市场变化率在5%的置信水平下为小麦进口变化量的Granger原因，但小麦进口规模变化率却不是小麦国际市场价格变化率的Granger原因。但是该检验的滞后期是4，对其实际经济含义无法解释，意味着这种Granger因果关系的现实含义并不大。国际市场价格变化率与小麦净进口变化率之间的因果检验都不显著。因此，仅从统计学意义的角度考虑，国际市场价格可能并不是决定小麦进口的关键因素。国际市场价格变化率与小麦进口和净进口变化率的关系见表5-4。

表5-4　国际市场价格变化率与小麦进口和净进口变化率的关系

原假设	F-Statistic	伴随概率.
PI不是IM的格兰杰原因	3.051 48	0.045 8
IM不是PI的格兰杰原因	0.903 74	0.483 7
PI不是IMn的格兰杰原因	0.371 01	0.694 1
IMn不是PI的格兰杰原因	2.061 87	0.150 0

本文更为关注的问题是小麦的进口对国内粮食价格有没有影响。如果有，则说明过去通过粮食进口调节国内粮食市场价格是有意义的。在10%的显著性水平下，国内小麦价格的变动率是小麦进口变动率的Granger原因，而小麦进口变动率却不是国内小麦价格的变动率的Granger原因。也就是说国内小麦价格的变动可以解释进口规模的变动，但进口规模的变动无法解释价格的变动。换句话说，以往小麦的进口规模很可能并不是影响国内粮食价格变动的因素。不过，与净进口变化率在10%的显著性水平下是国内

小麦价格变化变动率的 Granger 原因，而国内小麦价格变化变动率却不是净进口变化率的 Granger 原因。这个结果说明小麦的净进口或者新增供给的变化对国内小麦价格的变化可能存在影响。但国内小麦价格的变化却不是小麦净进口变化的原因。为什么国内小麦价格变化对进口总规模的变化有影响，但对净进口的变化没有影响？下一部分将要讨论这个问题。国内价格与小麦进口之间的关系见表 5 –5。

表 5 –5　国内价格与小麦进口之间的关系

原假设	F-Statistic	伴随概率.
IM 不是 PA 的格兰杰原因	0.095 5	0.909 2
PA 不是 IM 的格兰杰原因	2.959 64	0.071 8
PA 不是 IMn 的格兰杰原因	0.251 38	0.779 8
IMn 不是 PA 的格兰杰原因	2.672 69	0.090 4

考察国内外价格变化率之差 P 与 IM 和 IMn 之间的关系，发现 P 是 IM 的 Granger 原因，反之不是。P 不是 IMn 的 Granger 原因，反之亦否。这在统计学意义上验证了上述第（2）点关系，即国内外小麦价格增长率之差对小麦进口增长率有影响。为什么价格增长率之差对净进口增长率的影响反应不出来？这里可以试探性地给出一个解释，以抛砖引玉。由于中国小麦出口肯定会考虑国内外价格关系，但价格可能并不是最核心的影响因素。这里有三点：一是中国出口到日本和韩国的小麦一般是作为饲料，品质较差的库存粮，对其出口主要是为了减少损失，因而其出口规模更多地取决于小麦可供调出的余粮规模，对价格不够敏感；二是中国对一些周边国家（特别是朝鲜和缅甸）的粮食出口更多的是政治性的，没有考虑价格因素；三是在很长一段时间里实施的粮食出口补贴，当库存压力过大需要出口时，政府就会组织出口，补贴措施降低了出口对价格的敏感度。

通过统计方法可以得出几个我们感兴趣的结论：中国小麦的进口规模并不取决于国际市场价格；进口规模在一定程度上取决于国内市场价格的变化；小麦进口规模对国内市场价格有一定影响。当然，以上的讨论方法依然不够深入，得出的结论也是模糊性的，还需要进一步深入讨论。现在的需要进一步讨论的问题是，如果国际市场价格不是小麦进口规模变动的影响因素，那么除了国内市场价格，还有没有其他关键因素？下面将进行进一步的讨论。国内外价格变化率之差与小麦进口的关系见表 5 –6。

表 5-6 国内外价格变化率之差与小麦进口的关系

原假设	F-Statistic	伴随概率.
Imn 不是 P 的格兰杰原因	0.005 69	0.994 3
P 不是 IMn 的格兰杰原因	1.158 83	0.331 5
P 不是 IM 的格兰杰原因	4.567 59	0.021 4
IM 不是 P 的格兰杰原因	1.705 21	0.203 9

5.3.3 “逆向调节”还是防御性措施?

长久以来学界流传着一种观点，认为中国的粮食贸易存在一种“贵买贱卖”逆向调节现象，部分学者（董全海，2000；王建，陆文聪，2006）将其归因于中国的粮食贸易体制。本文将利用小麦的净进口数据来讨论这个问题。

通过图 5-4 可以大致看出从 1981 年到 2009 年小麦净进口规模、小麦国内产量变化量、国际市场价格变化率和国内市场价格变化率的大致波动情况。首先讨论国际市场价格与净出口之间的关系。29 年间，同时存在国际市场价格上涨和小麦贸易出现净进口的年份有 5 年，出现国际价格下跌，小麦贸易为净出口的年份仅有 1 年。也就是说，在过去 29 年间有 6 年小麦国际贸易出现逆向调节，其中“贵买”5 年，“贱卖”1 年。如果将小麦国内产量的变化情况考虑进去，对小麦贸易情况的变化的判断或许会更加客观。在出现“贵买”现象的 5 年的当年或前两年均出现了国内小麦的减产现象。那么，我们是不是可以将这种“贵买”看成是政府应对国内小麦减产的一种行为？“贱卖”现象出现在 2003 年，当时正是国内处理陈化粮的时候，主要的出口国是韩国、菲律宾和越南。当时小麦库存饱满，国有企业积累了大量的小麦，他们借助国家处理陈化粮的机会低价销售了大量非陈化粮。在国内粮食供大于求，市场持续低迷的时候，大量出口粮食也是正常现象。通过这个简单的分析可知，即使中国在粮食贸易中确实出现“逆向调节”，但小麦并没有出现真正意义上的“逆向调节”，即使出现所谓的“贵买贱卖”现象，也是有其他背景的。

在上一小节的讨论中，已经说明了小麦的国际价格并不是决定小麦进口的因素，国内价格的变化影响进口总规模的变化，对净进口变化没有影响。上面的讨论提到小麦国内产量变化对进口的变化影响比较明显，果真如此，其经济含义就十分明显：政府的小麦进口变化仅是国内供给变化的反映。下面利用统计方法讨论产量变化数据和进口数据之间的内在联系。令小麦国内产量的年变化率设为 Q，依然采用 Granger 因果检验讨论 Q 与小麦净进口变化率 IMn 之间的关系。可以通过序列平稳性检验得知 Q 为平稳序列。检验结果（表 5-7）显示在 5% 的显著性水平下，国内小麦产量的变化率是小麦净进口变化率的 Granger 原因。这起码可以说明国内小麦产量的变化可以在一定程度上解释净进口变化的原因。需要说明的是检验的滞后期的选择。当滞后期选为 4 时，检验结果的显著性才得以通过。滞后期为 4 说明前四年的小麦产量变化对当期小麦进口都有影响。其中原因与小麦的收储制度有很大关系。小麦库存的存在使得小麦暂时的减产无法直接影响粮食价格，进而使得粮食进口的动力不足。尽管检验滞后期相对较长，但这应该与现实经济是契合的。无论如何，这个检验和上面直接对数据进行的简单分析都说明，国内小麦产量的变化也是影响小麦净进口的重要因素。小麦的进出口与价格之间的变动规律见图 5-4。小麦产量变化率与净进口变化率之间的关系见表 5-7。

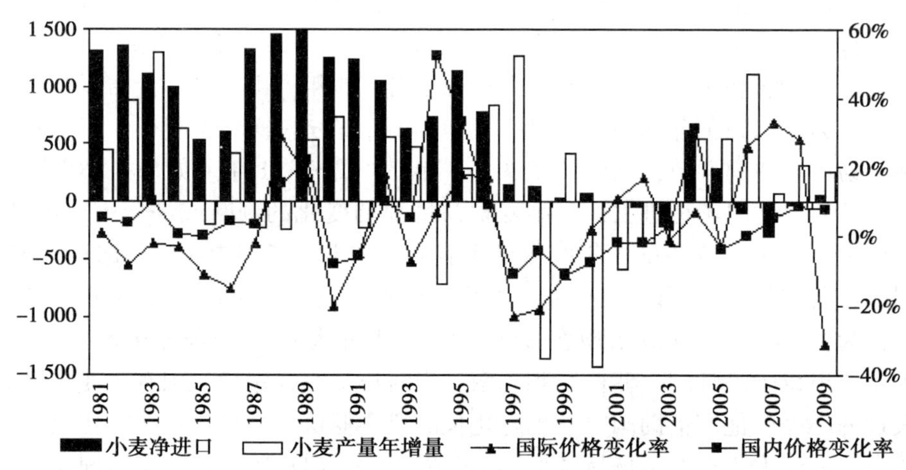

图 5-4 小麦的进出口与价格之间的变动规律

注：国内价格变化率由生产者价格指数折算，来自《中国统计年鉴》，国外数据来自 FAO 数据库，进口数据中 1980—1982 数据来自《中国贸易统计报告》，1983—2009 数据源于《海关统计年鉴》。

表 5-7 小麦产量变化率与净进口变化率之间的关系

原假设	F-Statistic	Prob.
Q 不是 IMn 的格兰杰原因	3. 544 76	0. 028 1
IMn 不是 Q 的格兰杰原因	0. 622 75	0. 652 5

由此可知，所谓的“逆向调节”在小麦的国际贸易中并不存在。即使出现了所谓的“贵买贱卖”现象，其背后也是有其合理性的，可以将其看成是政府的一种应对粮食安全挑战的防御性措施。

5.3.4　简单评价

加入 WTO 已经 10 年了，但从前九年谷物进口配额管理运行的情况看，配额管理并没有发挥它原本的作用。不过，目前没有政策效果并不表示该政策没有存在意义，现在没有作用更并不表示将来就一定没有作用。该问题将在第七章进行详细讨论。一系列 Granger 检验显示小麦进口变化与国际市场变化没有关系，与国内价格变化有关系。同时，小麦的净进口变化对国内小麦市场价格存在一定的影响。中国小麦进口的决定性因素并不是价格，更有可能与国内粮食的生产变动情况有关。直接的数据分析就可以解释所谓“逆向调节”在小麦的进出口中并不真实存在。由小麦产量和进口量之间的关系也可以得出一个简单的结论：小麦进口即使可以起到调控粮价的作用，这种作用也不是最重要的。它最根本的作用还是帮助政府实现粮食的供求平衡，价格的短期波动并不是其关注的重点。

5.4　出口限制措施的政策效应

5.4.1　中国粮食出口限制措施的出台

中国的粮食贸易政策一向以鼓励出口为主，但 2007 国际粮食市场的巨大波动以及由其引发的一系列反映使得中国调整了过去出口导向的粮食贸易政策。粮食出口限制措施出台的具体背景如下。

一是 2006 年下半年以来国际粮食市场价格大幅上涨，2007 年 11 月份，国际市场小麦、大米和大豆价格同比上涨 54%、41% 和 63%。国际粮价上涨对缺粮国和贫困人口造成了很大困扰，全球粮食不安全状况加剧。粮农组织（FAO）的报告显示，由于全球粮价飙升，2007 年全世界食物不足人数比 2003—2005 年期间增加 7 500万，达到 9.23 亿。为了防止国际粮食价格上涨影响本国粮食供给，粮食出口国印度和俄罗斯等国纷纷在 2007 年下半年采取限制粮食出口的措施。国际粮食市场供求关系进一步趋紧，全球粮食危机一触即发。2005—2009 年国际市场粮食价格变动情况见图 5－5。

二是在国际粮食市场上涨的压力下，国内粮食价格上涨压力加大。在政府的强力调控下，国内粮食价格成为了国际市场洼地，粮食出口大增，与此同时，相应的粮食走私活动也在增加。2007 年头 11 个月中国的玉米出口量同比劲增 85.3% 至 487 万吨，大豆出口量同比增加 23.8% 至 40 万吨，大米

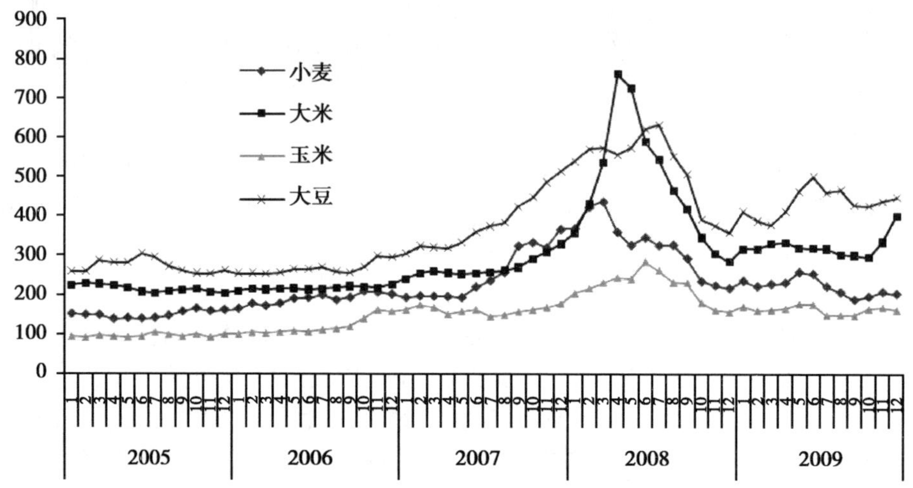

图 5－5　2005—2009 年国际市场粮食价格变动情况（美元）

数据来源：世界银行商品数据库。

出口量微升 5.8% 至 113 万吨，小麦出口量翻一番至 185 万吨。粮食的出口剧增进一步加剧了国内的通胀压力，粮食市场囤积炒作成分增加。谷物出口月度数据变动情况见图 5－6。

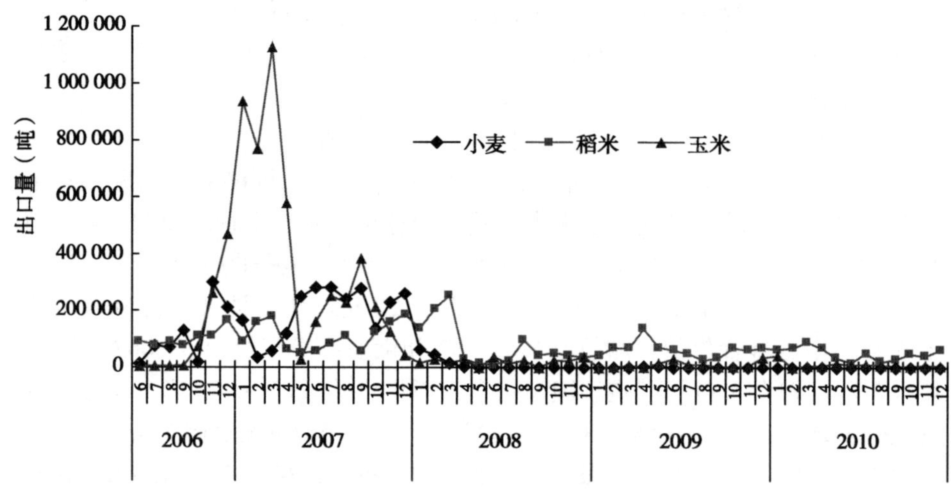

图 5－6　谷物出口月度数据变动情况

数据来源：商务部统计资料。

国际市场的剧烈波动和国内通胀压力的增加使得政府调控粮食市场价格的难度加大，为了保障国内粮食供给的稳定，消除市场的炒作成分，政府对粮食贸易政策做出了调整。2007 年 12 月政府陆续取消了粮食及其制粉出口退税，对小麦、玉米、稻谷、大米、大豆等原粮及其制粉共 57 个产品征收 5% ~25% 不等的出口暂定关税，对小麦粉、玉米粉、大米粉等 11 个产品实行出口配额许可证管理。

5.4.2 出口限制措施对国内市场价格的影响

出口限制措施对抑制粮食的出口起到了立竿见影的效果，进入 2008 年以后，除了大米具有明显的价格优势依然出口外，其他粮食的出口快速回落，其中小麦的出口回落最为明显，大部分月份的出口都为零。粮食的限制性出口措施一直持续到 2009 年 7 月 1 日。为促进稳定外需，调整出口结构，自 2009 年 7 月 1 日起，中国取消小麦、大米、大豆等粮食产品的出口暂定关税。由于当时国内粮食价格已经远高于国际市场价格，出口规模并没有因为出口税的取消而明显增加。

出口限制措施对国内粮食市场的影响可以从国内价格的走势进行分析。图 5 -7 显示出 2005 到 2009 年间中国粮食市场价格的变动情况。可以看出，除了大豆价格出现较为明显的波动外，小麦、早籼稻和玉米的价格尽管也有波动，但波动幅度较小。与国际市场变化相比，国内粮食市场总体稳定。特别是大米（水稻）的国内外价格波动的表现差异十分明显。那么国内市场的这种稳定是什么造成的呢？2005—2009 年国内市场粮食周报价变动情况见图 5 -7。

总的来看，在 2008 年上半年政府平抑粮食价格上涨的主要手段无非是通过政策性粮食的拍卖来增大粮食供给。但是，在上一章本书已经得出了早籼稻拍卖对市场价格影响不明显的结论。因此，综合考虑各种因素，我们似乎可以把国内市场价格的稳定归因为政府采取的出口限制措施。

为了讨论出口限制措施对国内粮食市场价格的影响，本书再次引入政策虚拟变量构建面板数据模型。引入虚拟变量 D，在政府实施出口税只是 $D=1$，当政府取消出口税时 $D=0$。构建模型如下。

$$y_{it} = \alpha_i + \alpha_1 D_{it} + \beta y_{i,t-1} + \varepsilon_{it} \qquad \text{（式 5 -1）}$$

式中 y_{it} 为粮食 i 在 t 时刻的价格。本文 i 选取小麦、早籼稻和玉米三种粮食品种，价格数据为 2007 年 1 月 14 日到 2010 年 12 月 26 日的周度数据。

根据现实经济的特点，通过检验发现应该按照变系数固定效应模型进行估计，估计结果如表 5 -8 所示。对于估计结果，本文关注的是政策虚拟变

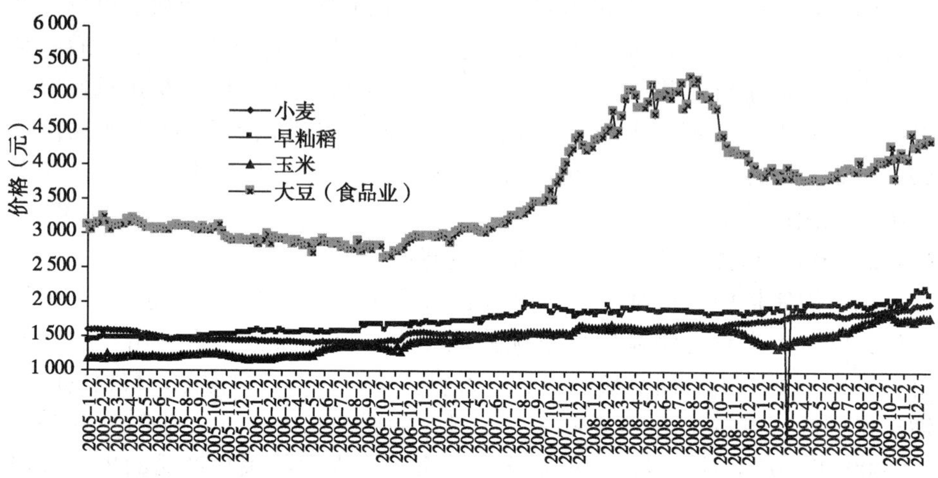

图 5－7　2005—2009 年国内市场粮食周报价变动情况

数据来源：中华粮网，中储粮总公司。

量的显著性和系数符号。三种粮食品种虚拟变量的符号均为负。理论上讲，在其他因素不变时，政府实施出口限制会起到抑制粮食价格上涨的作用，因此，虚拟变量的符号为负才合理。从模型估计的结果可以大致得出限制出口措施起到了抑制国内粮食价格上涨的作用。

表 5－8　政策虚拟变量估计结果

变量	估计量	伴随概率.
常数项	598.225 5	0.000 0
小麦价格滞后项	1.002 791	0.000 0
玉米价格滞后项	0.991 241	0.000 0
早籼稻价格滞后项	0.059 681	0.000 0
小麦政策虚拟变量	－0.009 795	0.000 0
玉米政策虚拟变量	－6.972 924	0.000 0
早籼稻政策虚拟变量	－44.804 61	0.000 0

对于国内外粮食价格波动的巨大差异（大豆除外），上面的估计结果说服力似乎并不够强。需要强调的是，在国内粮食价格上涨时政府平抑价格的手段是多方面的，除了拍卖和限制出口外，一些行政手段的作用可能起的作用更为显著。因此，上述讨论仅能作为一个参考，进一步的讨论还需要更为细致的数据。

5.5 小 结

利用国际市场调剂余缺是中国政府既定的粮食安全政策的一项重要内容。从过去三十余年的粮食进口情况看，中国的谷物进口量已经很少，大豆的进口占据了粮食进口的主体。加入 WTO 以后中国的粮食国际贸易政策实现了和国际社会的接轨，但国有企业主导粮食进出口贸易的格局并没有发生实质性改变。就粮食的进口政策看，关税配额管理制度并没有发挥实质性的作用，故其调控粮食价格的作用亦没有得到实质性发挥。不过谷物的进出口对国内市场价格的影响还是存在的。出口限制措施是中国政府应对国际粮食价格上涨的非常手段，对国内粮食价格的影响也确实存在。本章所讨论的问题具有很重要的现实意义，但就研究的成果看仍然显得单薄，一些核心问题仍需要进一步深化研究。

第6章 燃料乙醇的粮食价格调控功能

在国际社会，燃料乙醇几乎成了众矢之的。然而美欧各国并没有在粮食危机之后改变既定的燃料乙醇发展政策。对美国而言，通过发展燃料乙醇产业推动粮食价格的上涨已经成为了其公开的战略意图。燃料乙醇对一国粮食价格的影响是怎么样的，应该如何看待、利用燃料乙醇则是本章要讨论的重点内容。燃料乙醇和生物柴油是目前最为流行的两种生物燃料产品，它们的发展对粮食价格的上涨都有影响。本书仅讨论燃料乙醇，原因有两个：一燃料乙醇是发展最广，应用最普遍的生物燃料；二是中国的生物柴油的原料主要是废弃油脂，很少使用完整的油籽。这就意味着中国生物柴油的发展发展不会对油料供求关系造成直接现实的影响。而燃料乙醇则不同，目前普遍使用的燃料乙醇技术是以谷物为主要原料的，会对谷物市场的供求关系造成直接的影响。

6.1 燃料乙醇与粮食价格

6.1.1 燃料乙醇及其技术特性

燃料乙醇作为汽车燃料最早是在1903年，到了20世纪50年代，随着石油的大规模、低成本开发，燃料乙醇因其经济性较差而被淘汰。几次石油危机爆发之后，燃料乙醇工业又在世界许多国家得以迅速发展。燃料乙醇可以作为发动机的燃料单独使用，也可以与汽油按一定比例混合后使用。乙醇的热值低于汽油，汽油的热值为46.0兆焦/千克，而乙醇为汽油的65%。但由于乙醇的密度高于汽油，乙醇的密度为789.3千克/立方米，汽油的密度约为725千克/立方米，相同体积的乙醇热值为汽油的70%。因此，使用1升燃料乙醇可以替代0.70升汽油。乙醇与汽油混合后形成的燃料就是乙醇汽油。当乙醇汽油中乙醇比例在22%以下时，汽车发动机几乎不用进行任何改造就可以直接使用。

在工业生产上，生产乙醇主要有发酵法和化学合成法两种技术，其中发酵法最为普遍。乙醇发酵的基本原理就是淀粉等糖类在微生物的作用下发生化学反应，生成乙醇。可发酵性糖主要包括有：蔗糖、麦芽糖、葡萄糖、果糖和半乳糖等。生产中通常用的是蔗糖、葡萄糖，其次是麦芽糖和果糖。具体生产中，最为常用的糖类原料又分为两种，一种是淀粉类原料，一种是糖类原料。其中淀粉类原料又包括薯类、谷物类和野生植物类三种，糖类原料主要有甘蔗、甜菜、甜高粱茎秆和蜜糖。此外，纤维素也可以作为燃料乙醇的生产原料，这项技术已经在国内外研究多年，但由于生产技术中还有未克服的关键问题，终未能大规模推广应用。相应的技术攻关已经成为世界各国科研攻关的一个重要领域。按照分子量计算，100 千克纯蔗糖，理论上可生产约 53.85 千克纯乙醇。不过由于生产环节必然会出现原料损耗和技术条件的不尽理想，现实中的原料转化比率要低得多。表 6－1 显示的是中国燃料乙醇生产的原料－燃料转化系数。

表 6－1 中国燃料乙醇的原料－燃料转化系数

原料种类	玉米	小麦	鲜木薯	甘薯	鲜甜高粱	甘蔗	作物秸秆
转化率	3.2	3.28	7.8	7.98	15	13.31	6

注：相关资料来自于美国农业部网站。由于纤维素生物乙醇技术仍处于试验阶段，我们在分析中仅把秸秆作为一个备选因素，这里的秸秆主要是指小麦、稻谷和玉米秸秆。

6.1.2 国外燃料乙醇的发展

6.1.2.1 发展动因

燃料乙醇从出现至今一百余年，其间发展断断续续，直到 21 世纪初才实现突破性地进展。燃料乙醇之所以在近十年出现发展与现实的国际经济背景直接相关。首先是进入 21 世纪的最初几年国际原油价格出现了持续上涨的态势，原油净进口国的能源消耗成本大大增加。与此同时，石油是不可再生能源，国际社会对现有的以油气资源为主要动力的能源结构的可持续性表现出较大的担忧，尤其是在原油价格不断上涨的时期。寻找替代能源不仅有利于降低对进口原油的依赖，而且还是实现能源可持续利用的战略任务。一些燃料乙醇发展较好的国家，燃料乙醇的发展已经显现出较为明显的替代效益。从 2000 至 2007 的 8 年里，巴西通过生产乙醇替代石油作燃料为巴西节约原油进口开支 610 亿美元。原油价格走势见图 6－1。

除了减少对石油的依赖，减少化石燃料消费量，履行《京都议定书》中关于“减少温室气体排放、缓解全球气候变暖”的承诺也是一些国家发展生物质能源的很重要的一个动因。2007 年 3 月欧盟委员会决定计划通过发展生物质能源替代化石燃料到 2020 年促使欧盟温室气体排放量减少 20%。促进农村发展是推动近年世界生物质能源产业蓬勃发展的第四个动因。粮农组织的资料分析认为由于燃料乙醇等生物质能源产业对其原料生物质需求量的增加，必然将会给农民创造新的收入渠道，给农村的发展提供了一个新的机会。

6.1.2.2 各国发展目标

在近几年国际石油价格持续攀高的背景下，世界主要国家（地区）从应对高油价和能源安全的角度出发，制定了具体的生物质能源产业发展目

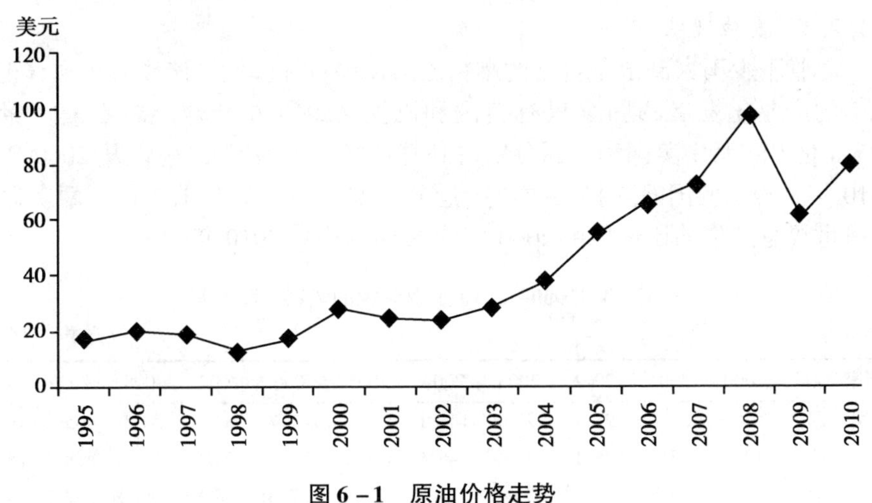

图6－1　原油价格走势

数据来源：美国能源署。

标。从这些国家的发展目标看，无论是农产品供给相对剩余的国家还是较为紧缺的国家，都制定了相对激进的发展目标。从使用的原料看，主要是谷物和糖料。各国燃料乙醇发展目标见表6－2。

表6－2　各国燃料乙醇发展目标

国　家	发展目标	采用原料
美　国	到2012年生物乙醇产量达到75亿加仑；2017年达到350亿加仑。	主要为玉米
加拿大	到2010年汽油中的乙醇含量达到5%。	玉米、小麦
德　国	2010年生物质占交通混合燃料中所占的比例达到6.75%，2015年达到8%。	—
日　本	到2010年生产的生物质能源总量相当于5 000万升原油。	甘蔗
法　国	2010年，生物质能源占燃料消费总量的达到7%，2015年达到10%。	甜菜、小麦
意大利	到2010年生物质能源占燃料消费总量的5.75%，到2020年达到10%。	糖蜜、甜菜、谷物
英　国	到2010年生物质能源占燃料消费总量的5%，到2020年到达10%。	谷物、甜菜、甘蔗
欧　盟	到2010年生物能源占交通燃料的5.75%，到2020年达到10%。	小麦、甜菜
巴　西	2016年燃料乙醇产量达到440亿公升。	甘蔗
印　度	2008年，汽油中乙醇含量达到10%。	糖蜜、甘蔗
墨西哥	到2012乙醇产量达到4.54亿升。	甜菜
南　非	到2013年生物乙醇在交通燃料（汽油和柴油）中所占比例达到4.5%。	玉米和糖类作物

资料来源：*FAO*. 2008. *The State of Food and Agriculture*。

6.1.2.3　发展现状

尽管不少国家制定了自己的燃料乙醇发展目标，但在该领域实现真正意义上的产业化发展的国家只有美国和巴西。2010 年全球燃料乙醇产量为 925.8 亿升，其中美国和巴西分别占到总产量的 50% 和 31%。从 2000 年到 2010 年，美巴两国的燃料乙醇总产量分别增加了 5 倍和 1.7 倍。两者总产量占世界总产量的比重也由 2000 年的 62% 提高到 2010 年的 81%。

表 6－3　2000—2010 主要国家的燃料乙醇产量

（单位：亿升）

国家/地区	2000	2001	2002	2003	2004	2005	2006	2007	2008	2009	2010
美　国	76	81.2	95.9	120.6	143.1	153.3	201.7	289.3	351.9	405.4	460.2
巴　西	106.1	115	126.1	148.3	146.6	158.1	179.3	224.5	276.7	258	289.6
欧　盟	24.2	25.8	25.1	24.7	24.5	29.4	37.01	38.87	50.21	57.62	64.65
世　界	294.1	313.2	340.7	390.1	408.1	403.3	492	638.1	771.8	821.4	925.8

数据来源：2004 年及以前的数据来自 FAO 2007 年度"A review of the current state of bioenergy development in G8 +5 countries"。2005—2010 年数据来自 OECD－FAO 2011 年度"Agricultural Outlook 2010—2019"。

除了美国和巴西，中国和欧盟地区也是燃料乙醇发展较快的地区。中国被认为是继美国和巴西之后的第三大燃料乙醇生产国。欧盟 27 国中有 18 个国家开展燃料乙醇的生产，但总体规模相对较小。其中法国的燃料乙醇产量最大，2009 年达到 12.5 亿升，德国次之，为 7.5 亿升。根据全球可再生燃料联盟（GRFA）统计，印度六家糖厂年生产乙醇 1.35 亿升，预计生产量将会进一步提高。

总之，全球燃料乙醇产业的发展并没有因为粮食危机的爆发和相对较高的粮食价格而停滞，相反生产规模却有了明显的增加。在粮食类燃料乙醇发展的同时，各国均在开发新技术，将采用各种各样的原料来生产可持续的燃料。纤维素乙醇已接近商业化，许多生物燃料公司正在不断地开发第二代技术。

6.1.3　燃料乙醇发展对国际粮食价格的影响

近几年，随着燃料乙醇等生物质能源的发展，国际社会对一些问题的看法出现了严重分歧。特别是国际粮价在 2007 年末到 2008 年中出现大幅度上涨以后，国际社会对燃料乙醇的发展的社会经济效果有了更多的质疑。国际社会普遍认为以谷物和油料为主要原料的燃料乙醇和生物柴油产业的发展使得全球粮油供给关系发生了根本性改变，这是导致全球粮食危机爆发的一个主要因素。以燃料乙醇为代表的生物质能源的发展对国际粮价上涨的推动作用是毋庸置疑的，但是问题是它在多大程度上推动了粮价上涨。对于这个问题，不同的组织和学者有不同的观点。表6－4归纳了现有的一些观点。

表6－4 燃料乙醇等生物燃料在粮食价格上涨的贡献率观点汇总

来源	估计值	商品	时段
世界银行（2008年4月）	75%	全球粮食指数	2002年1月—2008年2月
国际食品政策研究所（2008年5月）	39%	玉米	2000年—2007年
	21%～22%	大米小麦	2000年—2007年
欧洲农业联合会（2008年5月）	35%	玉米	2007年3月—2008年3月
	3%	全球粮食指数	2007年3月—2008年3月
经合组织—粮农组织（2008年5月）	42%	粗粮	2008年—2017年
	34%	植物油	2008年—2017年
	24%	小麦	2008年—2017年
Collins（2008年6月）	25%～60%	玉米	2006年—2008年
	19%～26%	美国零售粮食	2006年—2008年
Glauber（2008年6月）	23%～31%	商品	2007年4月—2008年4月
	10%	全球粮食指数	2007年4月—2008年4月
	4%～5%	美国零售粮食	2008年1—4月
Scott Baier（2009年3月）	27%	玉米	2006年6月—2008年6月
	21%	大豆	2006年6月—2008年6月

资料来源：作者自己整理。

以上研究结论差别很大，这主要是因为各个研究者运用的模型、数据和数据处理方法存在一定差异。理论上讲，在其他需求不变时，由于生物质能源需求的增加，谷物（主要是玉米）价格上涨是必然的。然而，对于美国这些粮食生产能力较强的国家而言，利用燃料乙醇产业的发展推动粮食价格上涨正是其发展燃料乙醇产业的目标之一。粮食价格的上涨使得美国政府用在反周期补贴上的支出减少，使得农业发展得到高粮价的强力支持。为了给燃料乙醇产业提供足够的原料，2011年2月11日，美国农业部宣布，对用于生产乙醇的转基因玉米完全解除管制。此举标志着企业专门为多产乙醇推出的生物技术作物在美国首次获得批准。据了解，这种“乙醇玉米”所含的微生物基因阿尔法淀粉酶能够迅速地将淀粉分解为糖，这是生产乙醇的第一步，以此为原料可生产出更多的乙醇。

6.2 中国燃料乙醇的发展现状

6.2.1 中国燃料乙醇的发展历程

中国燃料乙醇产业化发展主要经历了3个阶段，即初期试点阶段（20

世纪90年代中期至2000年)、稳步发展阶段（2000年至2005年）和非粮燃料乙醇发展阶段。中国燃料乙醇产业起步较晚，但发展迅速。最初，中国的燃料乙醇生产用于消化陈化的玉米、小麦等粮食，其中主要以玉米为主，燃料乙醇为当时农产品的出路提供巨大的市场。中国现有的燃料乙醇市场格局是2004年形成的，在当年的方案中，规定由吉林燃料乙醇有限责任公司、河南天冠集团、安徽丰原生物化学股份有限公司和黑龙江华润酒精有限公司4个企业定点生产，其中，河南天冠集团主要以小麦为原料，其他3家都以玉米为原料。为了避免这四家企业发生恶性竞争，政府明确了4家企业各自的销售范围。为了推动燃料乙醇产业的发展，政府对乙醇加工企业予以税收优惠、生产补贴和亏损补贴等优惠政策。从2001年起政府开启车用乙醇汽油的试点工作，并于2004年扩大试点范围。截至2006年，黑龙江、吉林、辽宁、河南、安徽5省及湖北、河北、山东、江苏部分地区已基本实现车用乙醇汽油替代普通无铅汽油。广西从2007年12月15日开始禁止销售普通汽油，基本实现车用乙醇汽油替代其他汽油。

随着陈化粮食逐步消耗殆尽和玉米价格节节攀升，考虑到玉米生物乙醇的发展可能威胁到国家的粮食安全，2006年12月，国家发改委就加强玉米等粮食加工燃料乙醇项目建设管理发出紧急通知，要求以非粮为主，实现原料多元化的柔性生产，鼓励发展以非粮食作物为原料开发燃料乙醇。2007年6月，国务院召开可再生能源会议，玉米等粮食类燃料乙醇新增项目被正式叫停，今后只能“在不得占用耕地、不得消耗粮食、不得破坏生态环境”的原则下发展非粮燃料乙醇，至此拉开了中国探索和发展非粮燃料乙醇的序幕。

6.2.2　燃料乙醇的发展规模

中国燃料乙醇的生产规模一直不是很透明。根据国家发改委2004年下发的《车用乙醇汽油扩大试点工作实施细则》，2004年四家指定的燃料乙醇企业的规划产量是：黑龙江华润酒精有限公司10万吨，吉林燃料乙醇有限责任公司30万吨，河南天冠集团30万吨，安徽丰原生物化学股份有限公司32万吨，合计102万吨。2006年国家发改委宣布的燃料乙醇总产量为156万吨。2007年12月中国首个非粮燃料乙醇项目广西中粮生物质能源有限公司投料生产，规划产能达为20万吨。除了国家发改委限定的五家企业外，一些以甜高粱、薯类和纤维素为原料的燃料乙醇项目也已上马，大部分还没有形成产能，因此很难做精确的统计。

2008年国内主要燃料乙醇企业见表6－5。

表6-5 2008年国内主要燃料乙醇企业

所在地	企业	主要原料	产量（万吨/年）	产能（万吨/年）
吉林	吉林燃料乙醇有限责任公司	玉米	18	18
黑龙江	黑龙江华润酒精有限公司	玉米/大米	42	50
河南	河南天冠集团	小麦	42	45
安徽	安徽丰原生物化学有限公司	玉米	40	44
广西	广西中粮生物质能源有限公司	木薯	13	20
	合计		155	177

资料来源：USDA，GAIN Report Number：CH8052。

6.2.3 燃料乙醇发展引发的争论

然而，新增项目被叫停并没有消除不同领域发出的声音，现在争论的一个焦点问题是以粮食为原料的燃料乙醇产业该不该存在。一种声音认为中国已经是粮食净进口国，在粮食供求矛盾本就已经紧张的情况下再发展以粮食为原料的乙醇产业显然是不切实际的。同时，用玉米加工燃料乙醇推动了国内粮食价格的上涨，因此应该限制粮食类燃料乙醇的发展。也有人认为中国的燃料乙醇发展规模很有限，其消耗的玉米只占国内玉米总产量的2%，这与美国超过20%的比例水平相差甚远。因此，认为燃料乙醇产业推动粮食价格上涨不够客观。相反，燃料乙醇产业为农业发展提供了新的突破领域，有利于农业发展。因此，应该允许燃料乙醇产业的发展。

燃料乙醇产业的发展会引发粮食供求关系的变化是毋庸置疑的，但是不是这种作用就一定是负面的？在可控水平下发展燃料乙醇产业是不是可以作为平抑粮食价格周期的一种手段？下面将利用数理模型来模拟这些问题。

6.3 燃料乙醇发展对粮食价格影响的数理模型分析

6.3.1 问题的提出

燃料乙醇的发展与粮食价格之间的关系主要体现在两点：一是短期内会不会使得粮食需求增加进而引发粮价上涨，二是从长期看会不会促进燃料乙醇原料的播种面积增加，从而改变粮食的供给结构。短期影响可以看作是燃料乙醇的“争粮”效应，长期影响可以看成是“争地”效应。燃料乙醇发展会不会引起“争粮”或“争地”问题？就“争地”而言，美国和巴西的实践可以证实“争地”这个事实。2007年，作为美国燃料乙醇原料的玉米的播种面积增加了19%（Searchinger T，2008；Westcott，P.，2007），而相应的大豆播种面积下降了15%。未来10年，由于美国国内玉米需求量持续增加，美国玉米的种植面积将呈现出扩大的趋势，而大豆种植面积呈现递减的趋势（USDA，2008）；作为巴西燃料乙醇原料的甘蔗的播种面积在未来十年将会翻一番，而其他作物的播种面积会随之减少（Naylor et al.，2007）；“争粮”的现实充分表现在2007—2008年的全球粮食危机中。尽管导致危机爆发的因素很多，但基本上没有人会否认燃料乙醇发展是一个重要原因这个事实（IFPRI，2008；Ivanic，Martin，2008；Mitchell，2008）。燃料乙醇“争粮”和“争地”的机制是什么？哪些因素会影响其“争粮”和“争地”？这些都是需要进一步讨论的问题。

6.3.2 燃料乙醇发展规模与粮食价格

燃料乙醇“争粮”问题表现为两个方面：一是燃料乙醇原料用粮增长，造成食品供给紧张；二是乙醇用粮会导致粮价上涨，从而降低低收入群体的购买力，形成变相的“与人争粮”。对于第一个方面，其机理十分浅显。下面我们用简单的模型分析第二个方面。关于乙醇发展规模与粮食价格之间的关系，一些学者已经通过一定的模型进行了分析（张锦华，2008），笔者将在这些研究的基础上，建立一个更具政策涵义的模型体系。价格由供给与需求共同决定是经济学中最为经典的结论之一。本部分，笔者将用这个最为经典的模型来分析两组变量之间的内在关系。

乙醇需求量与粮食价格并不同时存在与一个经典需求函数之中的，为了建立二者之间的关系，需要借助上文提到的原料—燃料乙醇转化率。原料—燃料乙醇转化率反映的是在一定技术条件下，生产单位产量的燃料乙醇需要的原料的单位量。以中国为例，2006年中国生产玉米燃料乙醇85万吨，消耗玉米272万吨。美国农业部据此推测中国的玉米—燃料乙醇转化率为3.2，同样的理由，认为中国的鲜薯、干薯和鲜甜高粱的原料乙醇转化率分别为7.8、2.9和15（USDA，2007）。因此，只要知道燃料乙醇的生产规模就可以测算燃料乙醇消耗的粮食规模。

我们令用粮食生产的燃料乙醇产量为 Q_e，令粮食的原料—乙醇转化率为 φ。则原料粮需求量为 φQ_e。令粮食的非燃料乙醇需求为 $D(p_c)$，其中 P_c 为粮食价格。

则粮食的市场总需求为：

$$D = D(p_c) + \varphi Q_e \quad \text{（式6-1）}$$

对上式全微分得：

$$dD = D'(p_c)dp_c + \varphi dQ_e \quad \text{（式6-2）}$$

短期内 φ 为常数，由生产工艺水平决定。

设粮食的市场供给为：

$$S = S(p_c) \quad \text{（式6-3）}$$

对上式全微分得：

$$dS = S'(p_c)dp_c \quad \text{（式6-4）}$$

在一个持续出清的市场中，需求变化总是等于供给的变化，则：

$$S'(p_c)dp_c = D'(p_c)dp_c + \varphi dQ_e \quad \text{（式6-5）}$$

经过转化，上式可变形为：

$$(\varepsilon_s - \varepsilon_d)\frac{dp_c}{p_c} = \frac{dQ_e}{Q_e} \cdot \frac{\varphi Q_e}{S(p_c)} \quad \text{（式6-6）}$$

上式进一步转化，得：

$$\% \triangle Q_e = \frac{\varepsilon_s - \varepsilon_d}{\varphi Q_e / S(p_c)} \cdot \% \triangle p_c \quad \text{（式6-7）}$$

上式模拟了燃料乙醇规模变动与粮食价格变动之间的关系。其中 ε_s 为粮食的供给价格弹性，ε_d 为粮食的需求价格弹性，$\varphi Q_e/S$（p_c）为燃料乙醇的原料需求占总粮食供给的比重，恒小于1。在燃料乙醇可能引起“与人争粮”可能的时候，ε_s 应该大于 ε_d，因此，燃料乙醇规模与粮食价格同向变动。

该结论也可以说明：通过控制粮食的价格便可以控制燃料乙醇的生产规模。

6.3.3 燃料乙醇规模与汽油价格

作为汽油替代品的燃料乙醇之所以能够得以发展，主要是因为石油价格的上涨时期具有了价格优势。而燃料乙醇的发展在某种程度上抑制了汽油价格的上涨。下面将分析汽油价格与乙醇发展规模之间的关系。为了分析汽油价格与乙醇供给量之间的关系，必须要建立二者之间的模型联系。这里要借助“乙醇汽油”这个概念。所谓乙醇汽油是掺和了燃料乙醇的汽油，前面提到，当乙醇汽油中乙醇比例在22%以下时，汽车发动机几乎不用进行任何改造就可以直接使用。为了促进本国燃料乙醇产业发展，大部分燃料乙醇发展国都制订了乙醇汽油中燃料乙醇的掺和比例（或目标），例如，巴西是20%~25%，加拿大5%，印度5%~10%，英国5%等。这样，乙醇汽油的总量应该为燃料乙醇和汽油的总和。

令乙醇汽油总需求量是 D（P_g），汽油价格为 P_g，S_e为燃料乙醇供给量，S（P_g）为汽油供给函数。

在市场出清条件下，乙醇汽油总需求等于汽油供给和燃料乙醇供给之和，即：

$$D(p_g) = S(p_g) + S_e \quad \text{（式 6－8）}$$

上式两边全微分得：

$$D' dp_g = S' dp_g + dS_e \quad \text{（式 6－9）}$$

变形得：

$$\% \triangle p_g = \frac{1}{\varepsilon_{gd} - \varepsilon_{gs}} \frac{S_e}{D(P_g)} \cdot \% \triangle S_e \quad \text{（式 6－10）}$$

上式刻画了燃料乙醇规模与汽油价格之间的关系。ε_{gd} 是汽油需求价格弹性，ε_{gs} 是汽油供给价格弹性。短期内，汽油是一个需求价格弹性很小的，而供给价格弹性很大的商品。汽油消费具有分散性，而且属于必需品，即使价格有一定改变，消费者也很难进行及时调整。而汽油的生产具有一定的垄断性，不管是石油输出国组织还是各个国家的石油商，都倾向于根据石油价格及时调整供应量。因此，燃料乙醇供应量和汽油价格之间存在负向关系。也就是说，当燃料乙醇供给增加时，汽油价格会降低。按照美林证券的研究，如果没有燃料乙醇的发展，世界原油价格还要提高 15%。$S_e/D(P_g)$ 反映的是燃料乙醇在总能源消费量中的比重，它越大，当 S_e 变动时，P_g 变动越大。这说明，汽油供给越少，其价格会变得越敏感。这和现实基本上也是吻合的。

对以上公式稍加变形，边可以得出以下结论：控制汽油价格便可以控制乙醇的发展规模。

6.3.4 燃料乙醇发展的粮食增产效应

根据 FAO 报告，燃料乙醇的发展会推动食品价格上涨，这会对粮食进口国产生不利的影响。在短期内食品价格的上涨对于家庭食物保障造成一定的压力，从而对粮食安全造成一定负面影响。从长期看，燃料乙醇不断增长的需求以及由此导致的农产品价格上涨可能为发展中国家推动农业增长提供了一个机遇，促进世界粮食生产的发展。燃料乙醇的发展是对汽油价格上涨的反应，由于其发展，原油价格与粮食价格之间存在了一定的关联性。本小结讨论的就是汽油价格与粮食供给量之间的关系，而二者之间的媒介便是燃料乙醇。

（式 6－7）中的 Q_e 为燃料乙醇的产量，（式 6－10）中的 S_e 为燃料乙醇的市场供给量。假设燃料乙醇没有库存，生产量即为市场供给量，将两式整合得：

$$S(p_c) = \varphi \cdot \frac{\varepsilon_{gd} - \varepsilon_{gs}}{\varepsilon_s - \varepsilon_d} \cdot \frac{\% \triangle p_g}{\% \triangle p_c} \cdot D(P_g) \quad (式6-11)$$

汽油作为单一用途的燃料油在短期内弹性较小，但是从长期看，人们有足够的时间调整消费习惯和更新发动机，因此，其需求弹性会大大提高，而其供给弹性从长期看是小的。因此，在（式6-11）中，$\varepsilon_{gd} - \varepsilon_{gs} > 0$。即使是在长期内，燃料乙醇业的发展会使得粮食供给始终处于偏紧状态，则 $\varepsilon_s - \varepsilon_d > 0$，即燃料乙醇发展规模与粮食市场供给量之间存在正向关系。也就是说，从长期看，燃料乙醇的“争粮”问题并不是短期“争粮”问题的延伸。燃料乙醇的发展不仅不会危及粮食安全，还会促进粮食生产能力的提高，从而有利于粮食安全。

总之，从短期看，燃料乙醇的发展会引起粮食价格的上涨，同时也会引起汽油价格的下跌，进而会使得导致燃料乙醇发展的动力变弱。这意味着粮食价格与汽油价格之间存在内在的调节机制。从长期看，燃料乙醇的发展有利于农业发展，促进粮食供给量的增加。不过，以上分析并没有考虑经济模型的微观基础，下面将从微角度考虑燃料乙醇“争地”机理及其发展规模的限制因素问题。

6.4 燃料乙醇对粮食生产结构的影响及可控制因素

从长期看，燃料乙醇的“争粮”就会表现为“争地”。“争地”的表现为燃料乙醇用粮播种面积的扩大，而相应的食用、饲用粮的播种面积就会减少。现有研究对该问题已经有了一定理论或实证方面的讨论（Azar，C.，Larson，E. D，2000；Westcott，P.，2007；Naylor *et al*，2007；Banse，M. *et al*，2008；Searchinger T.，2008；Fischer，G.，2008；吴方卫 等，2009）本节将在修正吴方卫等人模型的基础上讨论燃料乙醇“争地”的机理以及影响乙醇用粮播种面积的因素。

6.4.1 模型假设

一是农民以利润最大化为经营目的，会随着不同的粮食品种的经济收益而调整种植结构，且调整成本为零。农民是同质的，他们种植两种不同的粮食品种，一是食品粮，另一种是燃料乙醇原料粮（如玉米）。农民充分利用自己承包的农田，不存在撂荒现象。对于单个农民而言，价格为外生变量，个体农民为价格接受者。

二是燃料乙醇原料粮的生产函数为 C－D 函数，单个农民的乙醇原料产量只与原料种植面积和投入品有关，函数形式如下。

$Q_b = AF_b^{\alpha} I_b^{\beta} \quad 0 < \alpha, \beta < 1 \quad \alpha + \beta < 1$ （式6－12）

其中，b 表示（生物）燃料乙醇，A 为技术进步；

三是乙醇加工成本和运营成本为零，即单位燃料乙醇价格等于单位原料粮价格与原料—乙醇转化率 φ 之积。乙醇价格和汽油价格之间也存在一定的比例，我们设为 γ。由上条件可以得出单位原料价格 P_c 与汽油的单位价格 P_g 之间的关系：$p_c = \frac{\gamma}{\varphi} p_g$。地租为零。

四是农民根据上期的各种价格进行本期决策，即农民按照权数为0的适应性预期模型进行决策。

6.4.2 模型分析

结合上述假设，将农民的行为模型设定如下：

$$Max\pi_t = p_{ct-1} Q_{bt} + e_{ft-1} F_{ft} - c_{bt-1} I_{bt} \quad \text{（式6－13）}$$

$$\text{s. t.} \quad F_c + F_f = F \quad \text{（式6－14）}$$

其中，p_{ct-1} 为燃料乙醇原料粮上期价格；e_{ft-1} 为上期食品粮单位面积纯收入，c_{ct-1} 为上期投入品的单位价格，F_c 和 F_f 分别为农民自主决策的原料粮和食品粮种植面积。

求解上述最优化问题，便得农民原料粮播种面积决策的反应函数：

$$F_{bt} = (Ap_{ct-1})^{\frac{1}{1-\alpha-\beta}} (\alpha / e_{ft-1})^{\frac{1-\beta}{1-\alpha-\beta}} (\beta / c_{ct-1})^{\frac{\beta}{1-\alpha-\beta}} \quad \text{（式6－15）}$$

上式两边取对数得：

$$\ln F_{ct} = \frac{1}{1-\alpha-\beta}\ln A + \frac{1}{1-\alpha-\beta}\ln p_{ct-1} + \frac{1-\beta}{1-\alpha-\beta}\ln\alpha - \frac{1-\beta}{1-\alpha-\beta}\ln e_{ft-1} + \frac{\beta}{1-\alpha-\beta}\ln\beta - \frac{\beta}{1-\alpha-\beta}\ln c_{ct-1} \quad \text{（式6－16）}$$

将 $p_{ct-1} = \frac{\gamma}{\varphi} p_{gt-1}$ 代入上式得：

$$\ln F_{ct} = \frac{1}{1-\alpha-\beta}(\ln p_{gt-1} + \ln A + \ln\gamma - \ln\varphi) + \frac{1-\beta}{1-\alpha-\beta}(\ln\alpha - \ln e_{ft-1}) + \frac{\beta}{1-\alpha-\beta}(\ln\beta - \ln c_{ct-1}) \quad \text{（式6－17）}$$

对上式两边求全微分得：

$$\% \triangle F_{ct} = \frac{1}{1-\alpha-\beta}(\% \triangle p_{gt-1} + \% \triangle A + \% \triangle \gamma - \% \triangle \varphi) + \frac{1-\beta}{1-\alpha-\beta}(\% \triangle \alpha - \% \triangle e_{ft-1}) + \frac{\beta}{1-\alpha-\beta}(\% \triangle \beta - \% \triangle c_{ct-1}) \quad \text{（式6－18）}$$

6.4.3 燃料乙醇"争地"的影响因素

（式6－18）反映出影响燃料乙醇原料粮播种面积的各个影响因素，及其影响方向。具体分析如下。

P_{gt-1}为上期汽油价格，当其上涨时，农民将倾向于扩大原料粮种植面积。如前文所言，该结论已经得到了美国和巴西等燃料乙醇发展大国的经验证实。汽油机格的上涨直接引致燃料乙醇价格的上涨，从而提高了生产燃料乙醇原料的经济效益，进而鼓励了农民增加原料生产。同时，该结论也再一次证实，只要政府能够有效地调控汽油价格便可以调控燃料乙醇的发展规模。

A为原料生产的科技进步，它反映了原料生产的科技因素。中国燃料乙醇难以大规模发展的一个重要原因就是原料不充足。而导致原料不充足的一个原因就是原料单产低。以木薯为例，中国平均木薯单位产量只有世界平均水平的4/5，与印度尼西亚等木薯高产国相距甚远。究其原因就是因为中国木薯品种老化，甘薯也存在同样的问题。培育出适合于边际土地生长的新品种将大大缓解燃料乙醇发展的原料瓶颈。从长远来看，科技进步将是推动中国非粮生物质能源发展的一个关键因素。

γ代表的是燃料乙醇与汽油之间的价格比例关系，γ越大，原料种植面积越大。这反映的是国家政策和市场供给关系的变动情况。如果政府扩大乙醇汽油的使用范围，这将有利于提高γ，从而推动F_{ct}。在政府政策一定时，如果燃料乙醇产业发展过快，从而出现供大于求的情况，汽油和燃料乙醇之间的价格关系将会调整，从而使得γ走低，进而引起原料种植面积缩小。该结论进一步说明了燃料乙醇发展自身存在自我调控的机制。

φ反映的是一国燃料乙醇生产工艺的先进程度。φ越低说明燃料乙醇生产成本越低，其市场竞争力就越强。就玉米燃料乙醇而言，中国的φ为3.3而美国的φ是2.8（USDA，2007），这意味着中国玉米乙醇生产技术要落后于美国。

α和β分别是燃料乙醇原料的土地产出弹性和投入品的产出弹性，两者越大农民越倾向于扩大原料种植面积。

e_{ft-1}是食品粮单位面积纯收入，与F_{ct}存在负向关系。这说明食品粮收益与燃料乙醇发展有一定替代性，如果食品粮收益增加，农民会倾向于减少原料粮种植；相反，如果食用粮相对收益减少，那么农民将倾向于扩大原料粮种植面积。

c_{ct-1}是上期投入品的单位价格，它反映的是扩大原料生产的成本因素。

它与 F_{ct} 呈负向关系，这说明一旦农民意识到上一期投入品价格上涨，农民将倾向于缩小种植面积。

在以上诸因素中，短期内只有 P_{gt-1} 和 e_{ft-1} 最易为政府调控。虽然 c_{ct-1} 也可以由政府调控，但是投入成本对于食品粮和原料粮生产的影响是同向的，调控目标可能难以奏效。作为汽油价格的 P_{gt-1} 和作为食品粮纯收入的 e_{ft-1} 分别代表了两种战略资源的价格，其中 e_{ft-1} 是食品粮价格的递增函数。这两个指标有着是很重要的意义。政府只要调节好汽油价格和食品粮价格的变动情况，就可以调控燃料乙醇原料粮播种面积，从而掌控燃料乙醇发展带来的“争地”状况。

6.5 小　结

燃料乙醇的发展对于粮食安全的影响是复杂的，从短期看，无论（以粮食为原料）燃料乙醇发展多大规模，其引起“争粮”问题必然会出现，但是其程度取决于燃料乙醇发展的规模。本文分析认为，燃料乙醇的发展可能会引起粮食价格上升，在短期内可能会对粮食安全造成负面影响。但是从长期看，燃料乙醇的发展会诱使农民和政府加大粮食生产，从而促进粮食市场供给量的增加。分析显示，燃料乙醇的发展能否会出现“争地”现象要取决于各种因素，其中汽油价格和食品粮价格是最主要的。这些分析还说明，燃料乙醇的发展规模是可控的，政府只要掌控好汽油和粮食价格之间的关系，就能动态调控乙醇发展规模，从而使其发展不危及国家粮食安全。

中国发展燃料乙醇的动因不仅是出于能源安全的考虑，也是为了处理过剩的粮食。在上世纪末，由于粮食的连续增产，使得粮食和价格下行压力增大。为了消化多余的粮食，保护农民的利益，燃料乙醇作为一个粮食功能多元化的途径得以开发。正像文中分析的那样，燃料乙醇可以作为汽油价格和粮食价格的调节器，既可以防止汽油价格过高，又可以防止粮食价格过低。但是，这并不意味着就可以完全抛弃管制，任其自由发展。在政府的严格管制下保持一定的粮食类燃料乙醇生产能力不仅不会危及国家粮食安全，而且可以在一定程度上调节粮食供求关系，保护农民的种粮利益。可以相信，在一定时期中国国内的粮食市场还出现了供大于求的态势，主要粮食品种价格面还临着下行压力。那时适当增加一些粮食类燃料乙醇项目有利于缓解粮价下行压力。

本文主要是要解释粮食价格、汽油价格等因素与燃料乙醇发展之间的内在关系，故没有考虑开放经济下的各种情景，也没有考虑国家具体产业政策等复杂因素，只是一个简化的分析。另外，由于模型中的一些变量的数据难以获取，故相应的实证研究没能展开。就算舍掉部分变量，由于中国燃料乙醇发展时间短，规模和影响力还相当有限（以2006年为例，中国燃料乙醇消耗的玉米不到玉米总产量的2%，与美国的20%相去甚远），即使利用现有的数据进行实证分析，其可靠性也是值得怀疑的。以燃料乙醇发展的“争地”问题为例，即使可以通过玉米价格变动测算出其播种面积的可能变化，但对于中国玉米价格上升在多大程度上是由中国的燃料乙醇发展引起的这个问题本身就说不清楚。如果这个问题都说不清楚，如何测算燃料乙醇发展规模对玉米播种面积的影响？因此，笔者认为，相应的实证研究应该在中国燃料乙醇产业有了相当发展才能进行。本文的结论可以为政策的制定或完善提供一个参考。

第7章

政策体系的优化选择

天下没有免费的午餐，任何政策都会有成本。不过考察一项政策是不是可取并不是依据其成本的大小，而是其机会成本的大小。对待中国粮食价格调控政策就应该如此，我们不能只看其形成多大代价，还要看不实行这些政策又将面临多大风险。政策选择的依据并不是经济学上的最优原则，而是管理学上的满意原则，要构建一套满意的粮食价格调控政策体系还有很长的路要走。

7.1 中国粮食价格调控政策的代价

7.1.1 粮食价格调控与社会福利损失

粮食价格调控政策的目的无非是在粮食价格过低时实行最低限价，在粮食价格过高时实施最高限价。为了使得粮食市场价格高于最低限价，中国政府可以采取的手段有实施最低收购价收购（包括临储）、限制进口并鼓励出口、发展燃料乙醇增加粮食需求；而防止粮食价格过高的手段由通过拍卖政策性粮食增加市场供给、鼓励进口限制出口、抑制燃料乙醇产业发展等。无论是最高限价还是最低限价都是政府实施价格管制的经济手段。关于政府的价格管制与社会福利关系的讨论是主流经济学最为经典，也最为基础的内容。

一个经济是否有效率，要看这个经济中经济资源是否得到了有效利用。帕累托最优是经济学中一个最一般的资源配置效率标准。在一般意义上，如果经济社会中每个体在不损害别人现有利益的原则下都达到了他的最大效用，这个经济就达到了帕累托最优。帕累托最优的实现途径是福利经济学的核心问题。根据福利经济学第一定律，如果消费者的偏好和厂商的成本函数为凸性的，那么自由竞争的均衡必然导致帕累托最优。当然，在现实经济中并不存在符合完全竞争假定的经济形态，但作为极为分散又极为基础的商品，粮食市场的自由竞争程度应该是所有商品中比较低的。利用完全竞争模型来讨论政府的价格干预对社会福利的影响基本上是适用的。

经济学中生产者剩余和消费者剩余之和被称为社会福利，在市场均衡时社会福利实现最大化。在图7－1中，社会福利表现为供给曲线、需求曲线和纵轴所包围是三角，其中 P_0－B 线以上部分为消费者剩余，以下部分为生产者剩余。政府的价格干预不仅使得社会福利在生产者和消费者之间重新分配，而且还会形成社会福利的损失。市场均衡时的及均衡价格和成交量分别为 P_0 和 Q_0。政府的最低限价一般要高于均衡价，令其为 P_1。最低限价导致部分消费者剩余转化为生产者剩余，变化量为图中矩形 P_1P_0DA 部分。与此同时，社会福利净损失为三角部位 ABC。从这个角度看，粮食的最低限价政策实际上是一种消费者补贴生产者的政策。相反的问题，最高限价往往发生在市场均衡价高于政府预期时，较低的政策定价使得生产者剩余向消费者剩余转移。同样的，社会福利损失再次发生。从社会福利总量的角度看，政府的价格管制措施必然会导致社会福利发生净损失，这就是新古典经济学家反对政府干预市场的根本依据。

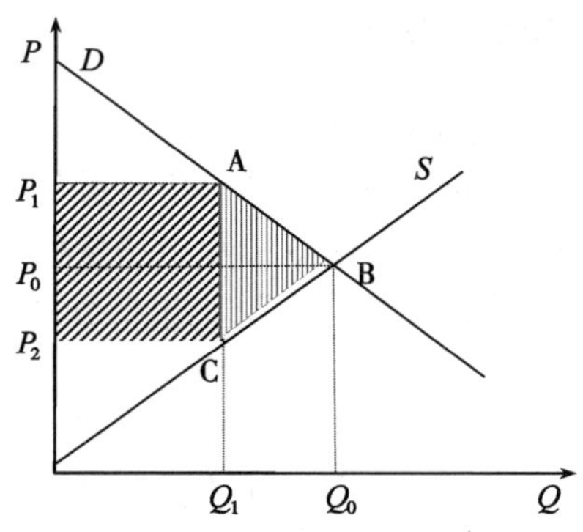

图 7－1　价格管制的社会福利变化 1

具体到粮食价格管制，现实中的情况可能会有一点特殊。由于粮食属于最基础的商品，需求价格弹性很小，只有到价格高到一定程度时人们才会考虑减少需求。同时，就算粮食价格十分高，人们也不可能将自己的粮食需求量降为零。因此，更为现实的粮食需求曲线应该像图 7－2 中所示的那样。粮食市场均衡价格为 P_0，如果政府将最低限价定在 P_1，那么社会福利重新分配的结果是原来属于消费者剩余的矩形部分 P_1P_0BA 转化为生产者剩余，而社会总福利并未发生变化，社会福利损失为零。这意味着在一定的价格范围内的粮食最低价管制并不一定造成社会福利的损失。

以上分析针对的是价格行政管制，前文所讨论的最低收购价政策和竞价拍卖政策并不是简单地规制价格，而是通过政策性的粮食买卖调控市场供求关系。最低收购价是在市场需求相对不足时由政府进行购买以增加市场需求，竞价拍卖是在市场供给相对不足时由政府提供新的粮食供给。最低收购价政策的效果是将需求曲线向右移动，竞价拍卖是将供给曲线向右移动，其最终的结果都会导致社会福利增加。例如，如图 7－3 所示在实施最低收购价政策时，社会福利会由原来的三角 ADF 变为三角 BEF。消费者剩余中的 P_1P_0AC 转化为生产者剩余，却增加了梯形 BCDF。生产者剩余增加了梯形

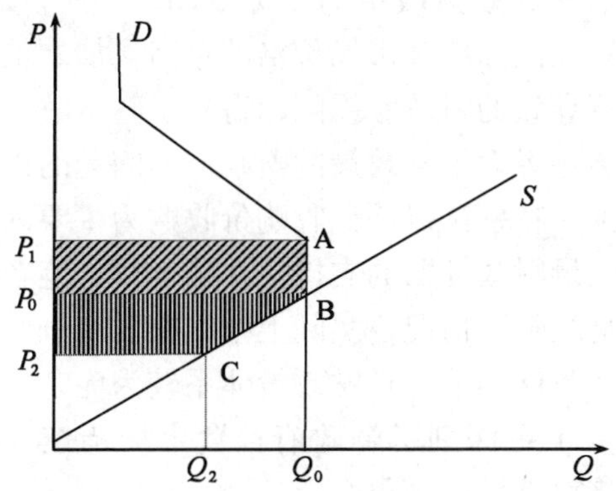

图 7－2 价格管制的社会福利变化 2

P_1P_0AB，社会总福利增加了梯形 ABED。同样的，竞价拍卖也会增加社会的总福利，虽然也会出现福利的转移。

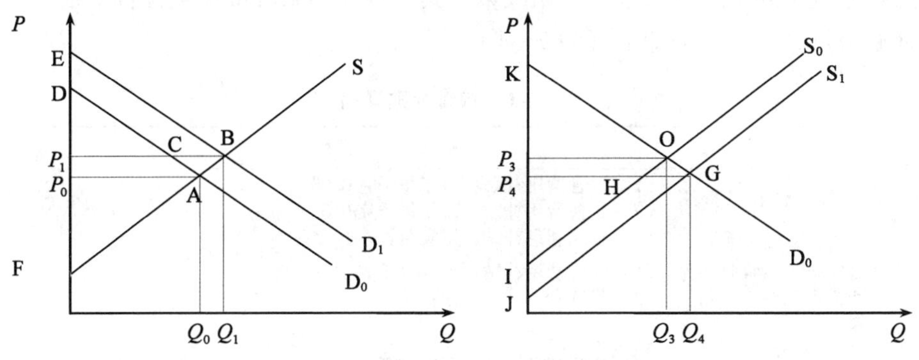

图 7－3 政策性买卖的市场福利

以上分析仅是简单的理论分析，不过从现实的经济体验可知，如果政府仅在一定程度上对粮食价格进行干预，有其造成的社会福利损失可能就会很小。但现实经济中我们很难厘定这个标准到底是多少。同时，粮食的政策性买卖会使社会福利增加，尽管也会发生社会福利的转移。社会福利变化只是考察政府干预价格影响的一个方面，也仅仅是理论上的。价格干预所导致的财政代价更容易引起政策制定者的关注。

7.1.2 粮食价格调控政策的财政代价

粮食价格调控更为直接的代价则是政府需要支出的财政补贴和行政成本。在过去三十余年的粮食流通体制改革的过程中，减少因粮食流通补贴和亏损补贴一直是政府粮食政策改革的目标或动力之一。2004 年以来，由于粮食市场关系的扭转和国际粮食市场价格的走高，加之粮食流通和收储政策的改革，由粮食经营导致的财政亏损问题得到了基本解决。随着粮食财政亏损问题的解决，社会各界对粮食政策的财政成本问题的讨论也越来越少。但是，现有的粮食政策，特别是以最低收购价收购为主要内容的粮食价格调控政策的执行也需要大量财政补贴的支持。在第 4 章，笔者已经提到了政策性粮食收购所需要的财政补贴情况。实际上中国粮食市场调控政策的主要成本发生在政策性粮食的收储环节，补贴政策体系较为庞杂，已经超出了本书前面所讨论的范围。为了更深刻了解政府粮食市场调控（不只是价格调控）的财政代价，下面将对其做以简单介绍。

目前中国的粮食财政补贴政策可以按照库存粮食性质的不同分为五类：中央储备粮食利息费用补贴政策、中央临时储备或临时储存进口小麦利息费用补贴政策、国家临时存储粮食利息费用补贴政策、最低收购价粮食利息费用补贴政策和地方储备粮食补贴政策。其中各项补贴政策又包含若干细分的补贴项目，大致归纳如下（表 7－1）。

表 7－1　粮食补贴详情

政　策	补贴项目及标准
中央储备粮食利息费用补贴	（1）保管费用补贴：每年每千克 0.08 元； （2）轮换费用补贴：每年每千克 0.04 元； （3）贷款利息补贴：据实结算。
中央临时储备或临时储存进口小麦利息费用补贴	（1）保管费用补贴：每年每千克 0.08 元； （2）贷款利息补贴：据实结算。
临时存储粮食利息费用补贴	（1）保管费用补贴标：每年每千克 0.08 元； （2）贷款利息补贴：据实结算； （3）收购费用包干：每千克 0.05 元； （4）烘干费用：东北玉米烘干费用包干标准为每千克 0.05 元；粳稻烘干费用包干标准为黑龙江每千克 0.04 元、吉林每千克 0.03 元、辽宁每千克 0.02 元； （5）东北玉米经批准调往南方销区跨省移库运输费用计入调入粮食的库存成本； （6）国家临时存储的东北玉米，经批准调往南方销区跨省移库粮食的专项费用包干：铁路运输，出入库点均有铁路专用线的，每千克 0.11 元；出入库点一方有铁路专用线的，每千克 0.14 元。铁水联运，出入库点均有铁路专用线的，每千克 0.24 元；出入库点一方有铁路专用线的，每千克 0.27 元；非铁路专用线的，每千克 0.3 元。

(续表)

政策	补贴项目及标准
最低收购价粮食利息费用补贴	(1) 保管费用补贴：每年每千克0.07元； (2) 质检和监管费用补贴：每年每千克0.005元； (3) 贷款利息补贴：据实结算； (4) 省内跨县集并费用：每千克0.18元； (5) 跨省移库的专项费用：每千克0.21元； (6) 收购费用：每千克0.05元； (7) 搭建露天设施费用包干：关内地区200吨以上露天囤每千克7分、200吨以下每千克8分；5 000吨以上土堤仓每千克4分、5 000吨以下土堤仓每千克5分。
地方储备粮食补贴	省级储备粮保管费每年每千克0.08元，轮换费一事一议。市县级标准不详。

资料来源：根据相关政府文件整理。

这里仅考虑最低收购价和临时存储粮食的保管费和收购费用补贴情况，根据2004年以来的收购数据情况，可以大致匡算出仅小麦和稻谷该两项补贴的总额达到了259.02亿元。同时，根据第5章计算的粮食的平均收购价格，大致可以匡算出小麦和稻谷收购的总贷款额为3 408亿元。按照年息5%计算，总共的利息补贴应该为170亿元。这样算来，2005—2010年间仅小麦和稻谷的保管费用、收购费用和贷款利息三项补贴就应该达到430亿元。小麦和稻谷的保管费用和收购费用财政补贴情况见表7－2。

表7－2 小麦和稻谷的保管费用和收购费用财政补贴情况

(单位：万吨，亿元)

项目	2004	2005	2006	2007	2008	2009	2010	合计
小麦	—	—	4 093	2 894.4	4 207.7	4 006.6	2 264.7	17 466.4
早籼稻	—	91.39	737.7	—	110.7	278.4	—	1 218.19
晚籼稻	—	166.09	485.1	—	800	567.5	—	2 018.69
粳稻	—	—	—	238	523.6	—	—	761.6
财政支出	—	3.09	63.8	37.59	69.14	58.22	28.18	259.02

数据来源：作者根据相关文件核算。

应该指出的是，保管费用和收购费用仅是众多补贴项目中最为稳定和基础的部分，贷款利息可以根据公开信息匡算出来，大量的财政补贴例如移库费用、烘干费用、质检费用、设施建设费用、运输费用等相关项目补贴或因为企业商业活动的隐秘性，或者政策执行的灵活性而无法具体计算。同时，保管时间和贷款期限按照一年算的，而实际的保管期限往往要超过一年。如果考虑这些因素，仅小麦和稻谷的最低收购价收购和临储的实际财政补贴总额要比430亿元高得多。如果再将政府兴建的仓储设施、物流设施和相关部门的业务性支出，粮食价格调控政策的财政支出就更大了。

总之，粮食价格调控政策的执行是存在代价的，或者说是存在成本的。不过任何选择都有成本，这应该是经济学最为基本的原理之一。我们考察一个政策执行是不是合理不能只看其成本，而是要看其机会成本，即如果不采取这一政策又会造成什么样的代价？

7.2 粮食价格调控政策改革的现实约束

按照新古典经济学的理念和原理，粮食价格调控政策的存在必然会导致社会福利损失，而且中国的粮食政策工具也不符合 WTO 的基本价值取向。因此，建立一个更加满意的政策体系似乎是很有必要的。然而从目前看，中国粮食价格调控政策的改革还缺乏必要的基础。

7.2.1 粮食刚性需求与粮食综合生产能力

早在1994年，美国学者莱斯特·布朗先生的报告《谁来养活中国》就对中国的粮食自给能力提出了严重质疑。尽管布朗先生的报告对中国的粮食生产和消费的预测数值并不准确，但其基本的判断依据却是合理的。国际社会对于中国粮食供给能力的担忧从来都没有真正消除，2007—2008年全球粮食危机其间，粮价上涨的中国因素再次受到国际社会的普遍关注。虽然中国政府一再宣布中国已经是谷物的净出口国，但油料和禽畜制品的大规模的净进口不可避免地影响着国际粮油市场的供求关系。

对于中国的刚性需求已经存在很多研究，本书不想在这个问题上多费笔墨，笔者想重点谈论的是这种需求的满足途径。1996年中国政府在其发布的《中国的粮食问题》白皮书中提出，正常情况下中国的粮食自给率不低于95%，净进口量不超过国内消费量的5%。15年过去了，客观地讲中国的粮食自给率已经远低于95%的规划目标。2010年，中国的大豆净进口规模已经突破了5 400万吨，豆油进口239万吨。按照全国平均每公顷1.8吨的高水平单产和18%的平均出油率计算，如果要自己生产这些大豆需要扩大播种面积3 700万公顷。而2009年中国农作物播种面积为15 863.9万公顷。按照可利用的耕地资源，中国的粮食自给率已经将至了81%。如果再考虑生产净进口的320万吨的畜产品所消耗的粮食，中国实际的粮食自给率已经跌破了80%。

根据最新的人口普查数据，2010年人口达到13.39亿，较1996年增加了9.4%，而同期粮食总产量只增加了8.3%。粮食增长率低于人口增长率，加之人们消费水平的提高，中国的粮食自给率不可避免地呈现出下降的趋势。中国的人口峰值还远没有到来，随着经济的发展中低收入群体的食物需求仍会增加。而中国现在80%的粮食自给率也是在政府全面、强力的支持下才得以实现的。如果减弱政策支持力度，会不会降低粮食的综合生产能力？一国粮食综合生产能力取决于农业自然资源、劳动力投入和科技支撑的优化组合。而目前，土地资源的保护越来越受到工业化和城镇化带来的严重挑战，劳动力投入受到农业劳动趋弱化的影响。综合生产能力的保持在很大程度上取决于政府强力的支持。历史的经验已经证实了粮食价格与产量之间的紧密关系，如果粮食价格回落，中国的粮食产量会不会明显回落。从目前严峻的粮食生产形势看是很有可能的。粮食综合生产能力既表现为一定的粮食产量，又包含了一定的粮食增产潜力。即使当前粮食产量不够大，只要在合理的粮食价格刺激下和政府的动员下就可以将产量提高到一个新的水平。如果粮食价格回落，粮食生产所需的土地的农业价值会进一步回落，部分劳动力也会转向其他回报更高的行业，粮食综合生产能力会得到削弱。

7.2.2 国际资源依赖与其不稳定性

有一些经济学家认为中国可以通过粮食进口来弥补国内市场缺口，也可以通过海外投资开拓新的粮源基地。无论是进口粮食还是海外投资，都是利用国际资源来提供粮食供给。然而，利用国际资源同样面临风险。从目前看，中国粮食安全国际战略的风险主要包括以下几个方面。

一是国际粮食市场的波动性增多，引起国际市场变化的不确定性因素增多。在全球粮食市场实际价格持续30余年的回落以后，21世纪初粮食市场价格开始动态上涨，并在2007—2008年引发了全球粮食危机。与21世纪70年代的粮食危机不同，导致此次危机的因素中除了能源价格上涨、粮食减产、市场投机、出口国的出口限制外，生物质能源的发展被认为是一个具有长远影响的新因素。此次粮食危机暴露出国际粮食市场的各类风险，包括金融炒作和出口限制等人为风险。根据现有的资料预测，这些风险在未来一段时间里不仅还会存在，而且还有增加的趋势。

二是国际粮食供给相对过剩和粮食短缺同时存在。对美国、欧盟、巴西等土地资源相对丰富，粮食生产能力较强的国家和地区而言，粮食生产能力过剩是一个重要的问题。大量农业资源得不到利用影响了农业生产者的利益，以至于欧美等国不得不通过鼓励“休耕”来减少粮食供给量。与此相反的是，全球仍然有10.2亿人口承受着饥饿的痛苦，仍有31个国家需要粮食援助。这种粮食过剩和粮食短缺并存的局面不会在短期内改变，因为粮食短缺国的贫困问题不可能在短期内解决，其粮食生产能力也不可能在短期内得到实质性提高。中国过度依赖国际市场带来的是其他缺粮国更大的粮食不安全。可供开发的土地大多集中在欠发达国家，而这些国家的粮食安全形势不佳，中国在这些国家实施粮食生产并销往国内的可行性并不大。

三是国际粮食贸易格局不会出现太大变化，主要出口国和进口国可能还会保持其角色不变。从主要出口国看，美国、加拿大、欧盟、澳大利亚四国（地区）的小麦出口占世界60%以上；泰国、越南、印度、美国四国的大米出口占70%以上；美国、阿根廷、巴西和乌克兰四国的玉米出口占全球77%左右。尤其是美国，其出口的小麦占世界30%多，玉米占50%。与此同时，主要粮食进口国也相对稳定，例如菲律宾、印尼、南非、伊朗、沙特阿拉伯等国之于大米，巴西、意大利、日本、阿尔及利亚等国之于小麦，日本、韩国、墨西哥、西班牙等国之于玉米，中国、荷兰、日本等国之于大豆。国际粮食贸易格局基本稳定，在未来很长一段时间里不会有太大变化。这就意味着中国的粮食进口结构如果有明显改变就会引起国际市场的波动。

四是中国粮食进口不稳定性的人为因素依然很大。首先是粮食价格飙涨时期主要粮食出口国的出口限制措施，20世纪70年代的粮食危机和此次粮食危机都可以说明粮食出口限制对粮食进口国粮食安全带来的危害；其次是国际投机资本对国际市场的扰动将随着资本全球化和信息化的发展而进一步加强；最后是由政治因素导致的粮食禁运风险依然存在。尽管历史上的粮食禁运效果有限，但那些禁运只是针对有大国支持的小国家，而中国却难以找到一个可以支撑13亿人口粮食需求的国家。

这些风险意味着通过国际资源来保障本国粮食安全的方式可能并不是可取的。到目前为止还没有一个人口大国或地区会将自己的粮食供给渠道依仗于国际市场和国外资源。中国更不可能这样去做。

7.2.3 收入支持政策与价格支持政策

美国、欧盟、日本和韩国等工业化国家的农业支持政策都经历了由价格支持到收入支持的发展历程。特别是上世纪末和本世纪初，随着全球化进程的加快和WTO农业谈判的推进，发达国家正在逐步转变粮食支持方式，将农业支持的主要手段从价格支持向直接支付转化。中国是不是也应该顺应这种变化，将收入补贴作为支持粮食产业发展的主要手段呢？

与消费者补贴生产者的价格支持政策不同，收入支持政策是简单的纳税人补贴生产者的政策。要实现从以消费者补贴生产者向以纳税人补贴生产者的转变需要一定的社会经济条件。欧美等国农业支持政策的转变存在两个基本的条件：一是粮食的供求关系从相对短缺向过剩转变，不论这种转变是基于国内变化导致的还是国外因素导致的；二是农业从业人员占社会总从业人员的比重变得足够低。欧盟共同农业政策起初本身就是为了应对欧盟地区粮食供给不足而出台的。在该政策强力的支持下，欧盟地区的粮食不仅实现自给，还出现过剩，不得不采取补贴出口和休耕的措施减少粮食供给。美国虽然没有出现粮食缺口，但其粮食出口需求却因其他国家和地区粮食自给能力的增强而减少。大量的粮食因无法出口而形成库存，政府的财政补贴规模激增，这在很大程度上影响了美国粮食价格支持政策的可持续性。农业从业人员占总从业人员的比例与工业化发展程度直接相关。已经实现工业化的欧美日等发达国家农业从业人员已经很低了，绝大部分劳动者的收入来自非农领域。农业从业人员规模变小为实施直接收入补贴政策提供了基础。农业从业人员占总从业人员的比重见表7－4。

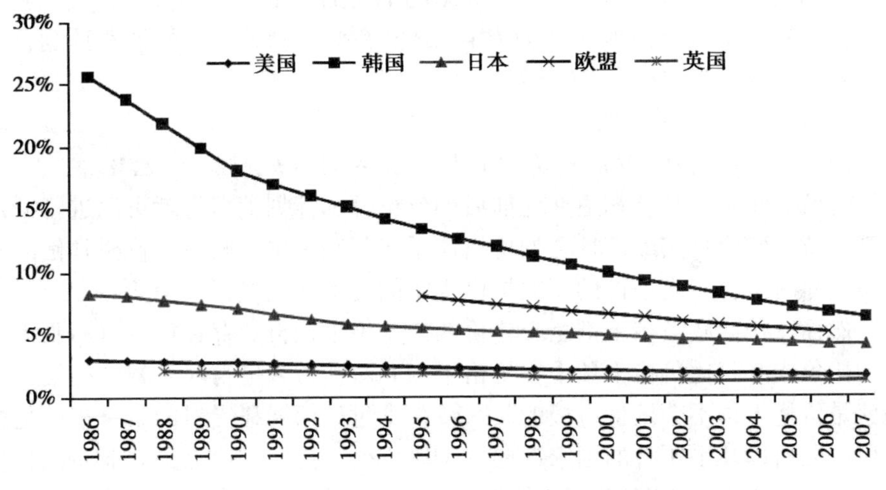

图7－4　农业从业人员占总从业人员的比重

数据来源：FAO数据库。

对中国而言，保证粮食的国内供应依然是目前的重要任务，而且农业从业人员占从业人员的比重依然高达38%。如果将农业支持手段由以价格支持为主变为收入支持为主，那么其后果很可能是一方面粮食减产，另一方面农业财政支出大增。当然，以价格支持政策为主并不表示排除收入支持政策。目前中国实施的粮食直补、农资综合补贴和良种补贴措施实质上已经转化为收入补贴。同样地，欧美国家虽然强化了收入补贴政策但并没有取消价格支持政策，一系列旨在实施价格支持的措施依然在实施，部分内容甚至在强化。

7.2.4 价格控制与消费者收入补贴

粮食价格的上涨对消费者，尤其是对低收入群体的影响比较大。政府在粮食价格走高时实施价格平抑措施，甚至对企业定价进行直接干预当然会影响市场信号的正常释放，进而影响资源的优化配置。针对这个问题，主流经济学家的观点认为对低收入群体进行收入补贴要比价格干预的效果好。这种观点所利用的理论就是经济学中著名的斯卢茨基补偿理论，即当价格变动时为了保持原来的消费计划而对消费者进行的收入补偿。作为生活必需品的粮食，其价格上涨会改变低收入群体的消费预算线，如图 7－5 所示，消费者预算线向左旋转，相应的粮食消费量也比原来的消费量 $X1_0$ 小了。为了让低收入群体回归原来的消费计划以保持必需的营养摄入可以对其进行收入补贴。补偿的方式是按照原消费计划和新的消费品价格比率调整预算线，实现斯卢茨基补偿。当价格由 P 变为 $P+\triangle P$ 时，为了满足原有的消费计划，必须将收入由 M 变为 $M+\triangle M$。这时，

$(P+\triangle P) * X1(P, M) = M+\triangle M$

因为 $P * X1(P, M) = M$，所以，$\triangle P * X1(P, M) = \triangle M$。

这就意味着，只要知道变化前后的价格差和计划消费量就可以进行斯卢茨基补偿。然而现实经济社会的价格体系要复杂得多，政府对价格补偿的一般做法是对符合一定条件的家庭提供规定的货币补偿或提供消费券。

然而，任何政策措施都是有代价的，价格干预自然存在代价，但收入补偿的代价未必就比价格干预小。价格干预和对消费者进行收入补贴的最大区别就是价格干预不会发生直接的收入转移支付。而转移支付的第一步就是要收税。之所以几乎所有的国家都愿意采取价格支持的手段保护农业是因为价格支持只需要作用于市场，让消费者平摊农业保护的成本。这种分担行为所引发的消费者的不满情绪会在保障国内粮食权的独立和实现社会公平的道义作用下得到很大程度的消除。但是直接向消费者征税然后再用征地的税收补贴生产的行为对消费者的影响是十分明显的，更容易引发消费者的不满。粮食的高价限制措施被采用很大程度上也基于此。更何况，征税还需要经历一系列复杂的程序。

“奥肯漏桶”原理为政府的收入转移代价提供了另外一个解释。经济学家阿瑟·奥肯认为政府在实施社会转移支付时就像一个带孔的把粥（财富）

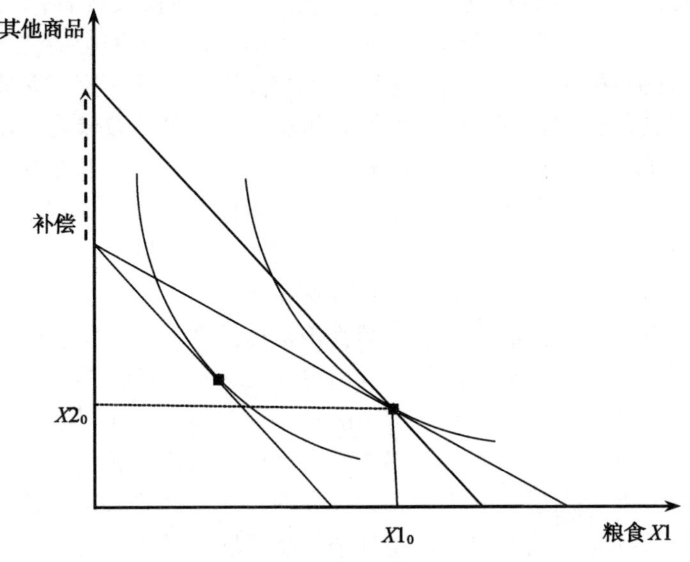

图7-5 斯卢茨基补偿

从富人的家里送到穷人家里的水桶。在这个过程中必然会出现粥的撒漏——政府的消耗，也就是说，如果政府从富人那里汲取到1美元，当这些财富转移到穷人身上时或许就只有0.5美元了，另外0.5美元就在这个过程中被政府损耗掉了。他认为要减少转移支付中出现的漏损这就需要组建高效的政府机构，但是无论政府行政效率有多高，只要有这么一个机构就必然存在“奥肯漏桶”现象。更为重要的是粮食价格上涨时对收入群体的补贴措施还存在操作上的困难，譬如补贴人权标准如何制定、如何审查、如何防止冒领、如何防止挪用、如何控制执行成本、补贴政策何时退出、如何退出等等。

总之，诸多现实问题使得利用收入补贴应对粮食价格上涨对消费者影响的做法存在很多现实困难，从节约政策执行成本和减少社会不满压力的角度考虑，有损失市场效率的价格管制政策或许是次优的选择。

7.3 政策体系的优化选择

7.3.1 优化选择的基本原则

中国粮食价格调控政策体系建立并运行仅有几年的时间。正如笔者在第2章中提到的那样，从政策执行的总体状况看，效果还是比较明显的。之所以得出这样的结论不是看政策会不会产生社会福利损失或者执行成本的大小，而是主要考察其在紧急情况下避免国内出现粮食不安全的能力。粮食价格调控政策的目标说到底是为了保障国家粮食安全，而国家粮食安全问题除了长期的粮食供给问题外，更主要的是短期内出现的危及粮食安全的紧急情况。作为避险机制，粮食价格调控政策是成功的。当然，几年的执行中也暴露出该政策体系的一些问题。这也是讨论政策体系调整的依据所在。在讨论具体的调整建议之前需要交代一下政策调整的基本原则。

7.3.1.1 生产者和消费者利益兼顾原则

中国粮食价格调控的目的是让粮食价格保持在一定价格区间内，在这个区间内既可以让农民获得一定的劳动所得，又避免粮食价格影响消费者的粮食获得能力。消费者的利益和生产者的利益在表面上是相对的，对于生产者而言粮食价格越高越好，而对于消费额者来说粮食价格越低越好。但是从整个经济系统开看，以粮食的生产者为代表的农业生产者必定是其他商品或服务的消费者，而粮食的消费者也是其他商品或服务的生产者。由于中国人口众多，在农业式微的同时，农业从业人员占总从业人员的比重却并没有降到与农业产值占社会总产值比重相当的水平。农业从业人员的经济所得更多地还有赖于农业经济效益的提高。通过提高粮食价格来提高整个农业的经济效益本身就是在提高非农消费品的消费能力。在国内粮食价格起伏变化的过程中必须让国内粮食保持在一个基本的水平。在国际市场粮食价格过度上涨时防止国内粮食价格上涨幅度过大以保护消费者的粮食获得能力。在国际粮食价格大跌时减少国内粮食价格的下降幅度以补偿生产者因前期保持稳定而造成的损失。总之，让市场价格在一定水平上保持稳定是兼顾生产者和消费者利益必要条件。

7.3.1.2 财政可承受原则

一个合理的粮食价格调控政策体系决不能对财政造成过大的压力，否则其持久性将得不到保障。减轻粮食财政压力一直是改革开放以来中国粮食政策改革的目标之一，如果新的粮食价格调控政策不能解决这个问题就不能算一个理想的政策。在国外，欧美日等国的粮食价格政策都曾造成过沉重的财政负担。以美国为例，美国政府执行的粮食价格支持政策使得国内粮食生产严重过剩，一些年份的库存利用比一度超过 100%。为了减轻库存压力，美国政府不得不补贴出口和加大粮食援助，由此产生的粮食财政支出使得政府的粮食政策难以为继。因此，中国的粮食价格调控政策应该吸取历史和国外的经验教训，避免政策执行造成财政压力。

7.3.1.3 妥善处理利用国际市场和保护粮食生产能力的关系的原则

在加入世界贸易组织的初期，学界和决策层对于粮食关税降低对国内粮食冲击的担忧比较大。但是几年来，担忧的事情并没有发生，由此有些人认为当时的担忧是杞人忧天。而现实的情况是，2001 年以来正是国际粮食市场价格上行的时期，这无疑给中国的粮食产业的发展提供了一个较为宽松的国际环境。随着粮食生产大国产量的提高，国际粮食市场必将回归正常轨道，加之中国通过价格支持政策将粮食价格提高到高于国际市场的水平，未来的粮食价差造成的进口压力会进一步加大。粮食进口虽是必然选择，但仍需要高度重视进口对国内相关产业的负面影响，尤其不能让粮食进口对国家粮食生产能力造成负面影响。因此，对于粮食进口应该把握几个原则：一是比较优势原则，进口的粮食应该是国内生产不足甚至不能生产的品种；二是非冲击原则，即进口的粮食价格不能低于国内同质产品的价格，避免对国内相关产业造成直接冲击。在粮食进口的同时要高度重视粮食支持政策的执行，避免国内粮食生产能力退化。

7.3.1.4 弹性原则

粮食价格调控政策的直接作用是调整价格波动幅度，不是要调整价格的变动方向。中国的粮食供求已经融入全球体系，中国市场不可能完全与国际市场完全隔离。因此，为了避免政策强度过大，中国国内价格应该保持与国际市场相同的方向，但在幅度上要有所控制。中国国内粮食市场价格不能只涨不跌，亦不能让生产者形成持续上涨预期。可控范围内的粮价波动可以增强粮食价格调控政策的弹性，避免过度激励。

7.3.2 调整最低收购价政策结构

最低价政策执行情况直接关系到政策粮拍卖情况的执行。目前中国的粮食最低价收购政策有必要进行一下结构调整，总的来说包括“稳麦”、“强稻”、“退豆”和“弱玉米”四个方面。

所谓“稳麦”就是指稳定小麦最低收购价政策的实施范围、价格支持力度和基本的执行体系。从 2006 年开始实施小麦的最低收购价政策以来，小麦的最低收购的范围一直保持为 6 个省，涵盖了小麦总产量的 80% 左右。从小麦收购的规模看，政策实施几年来年平均收购规模占总产量的比重为 40% 左右。这意味着政府可以控制的小麦粮源在 40% 左右。正因为掌握了如此规模的粮源，在政策粮拍卖的过程中，小麦拍卖平抑市场价格的效果最为明显。同时，从最终销售的情况看，有 80% 以上的收储小麦可以正常销售出去，出了保留基本的库存量外，基本没有出现积压滞销的现象。因此，从这几个指标看，小麦的最低收购价政策的总体运行情况比较健康，没必要做过多调整。在未来一段时间，小麦最低价实施范围不用扩大，最低价标准也有必要保持一定的稳定性，不能过高。

尽管稻谷最低价政策的实施范围已经扩展到 11 个省份，但总体收购的规模并不大，几年来占总产量的比重约为 3.4%。由于最低价制定标准偏低，部分年份最低价政策无法执行。即使实施临储，由于市场价偏高，中储粮系统企业按照政策价收储稻谷也存在一定难度。为了完成临储任务并获得储粮补贴部分粮食收购企业甚至加价收储。从稻谷的拍卖情况看，在 2010 年之前稻谷的拍卖对市场的影响几乎体现不出来，主要原因是拍卖规模过小。2010 年水稻将拍卖规模提高到 100 万吨以上，其平抑市场价格的作用初步得以体现。从出口情况看，大部分年份稻米具有出口优势，同时也说明国内稻米价格偏低。在这种背景下，在未来一段时间适当加大对谁稻谷价格的支持力度，增强政府对稻谷市场价格的影响力。不过这种强化不宜过度。由于稻谷是一种市场化程度相对较强的产品。政府只需将最低收购价适当提高并使其适应市场价格的变化即可。

大豆的临储措施对推动主产区的市场价格起到一定的作用，但其负面效应十分明显，尤其是其对大豆压榨产业的负面影响使其被广为诟病。一方面较高的收购价格使得利用国产大豆的大豆压榨企业在进口大豆面前丧失了竞争力，主产区的企业纷纷停产、限产。销区大豆企业在高价国产大豆和低价进口大豆面前肯定愿意利用出油率还高的进口大豆。低价进口大豆趁机大量流入，在拉低全国大豆平均价格的同时使得收储的大豆无法实现顺价销售，而大量积压。同时，尽管政府在主产区实行较高的政策价，但农民并没有完全得到最低价的实惠。收购企业趁大豆集中上市农民卖豆难之机，名义上敞开收购，实际上实行各种措施限购。同时让一部分员工低价从农民那里收购大豆在以政府规定的最低价入库，从而赚取实际收购价和最低价之间的差价。这种手段是在 20 世纪 90 年代保护价实施时国有粮食企业惯用的侵害农民利益的手段。正因为如此，大豆的临储并没有保护农民种豆的热情，并使得全国大豆播种面积在 2009 年和 2010 年连续减少。考虑到大豆临储措施面临的困境，可以考虑取消大豆的临储措施，将相应补贴转化为农民的直接投入补贴。

玉米的临时收储政策虽然不存在大豆那么大的问题，但政府对这个市场化程度很强产品的过度干预并不利于玉米产业的健康发展。根据目前中国的粮食需求发展趋势看，中国未来的饲料粮需求会进一步增加。中国玉米的产能提升空间面临着一系列挑战，玉米的进口几乎是一个不可逆转的趋势。过度的保护将既不利于增强玉米的竞争力，也有可能会加大政府的财政负担。农业支持政策实施的可逆性很弱，一旦实施就很难取消。因此，中国在支持种类上应该有所取舍，还是应该把重点放在口粮上。因此，对于玉米的支持力度应该适度即可。

7.3.3 强化粮食的关税配额制度

从目前来看，中国现在正在执行的粮食价格调控政策中仅有被赋予厚望的进口关税配额管理政策还没有发挥真正意义上的作用。在第5章笔者已经提到了导致粮食进口配额使用率过低的几个原因，笔者认为其中最为关键的原因在于2001年以后国际粮食市场价格出现了一个较长时间起的波动期，这些变化为中国提高粮食价格并且避免主要粮食出口国的粮食贸易要求提供了一个较好的环境。2002年开始，国际粮食市场改变了1990年代中期以来的整体跌势，开始快速上涨，并在2008年上半年实现了名义价格的历史性突破。尽管2008年下半年至2010年上半年国际粮食市场价格已经从高位回落，到名义价格仍高于2005年以前的水平。这一状况使得国际粮食基本的供求关系偏紧，在中国不存在谷物进口需求的情况下，世界主要粮食出口方并没有向中国大量出口谷物的愿望。

一些分析人士把粮价上涨看作是农产品实际价格长期下跌趋势结束的信号，《经济学家》杂志宣告了“廉价粮食时代的终结”。然而，此次粮食价格的上涨是否真的与以往上涨有什么实质性区别，国际粮食市场供求关系是否真的发生了根本性变化？尽管从名义价格看，全球粮食危机似乎将粮食价格推向了历史新高，并且目前的粮食价格也处于较高的水平。但是从实际价格看，2007—2008年的粮价变动与历史上的其他粮食价格的波动并没有实质性的变化。即使是在2008年，粮价也仅达到了20世纪80年代和90年代上半期的总体水平。因此，从长期数据看，我们很难得出世界已经进入高粮价时代的结论。全球粮食之所以在过去几年内呈现出上涨的趋势，主要是过去30年内整体走低的粮价抑制了农业和粮食产业的发展。在高粮价的诱使下，国际社会重新对粮食安全问题予以了高度重视，主要的粮食进口国都在采取措施加强自身的粮食自给能力。笔者相信，随着各国重视程度的加强和相应科技进步与实用技术的推广，全球粮食生产能力会得到实质性提高，粮食供求状况会经过几年的波动以后回归正常。

国际粮食实际价格的变动情况见图7－6。

对于中国这个谷物自给自足，而且迫切希望通过提高农业经济效益改善

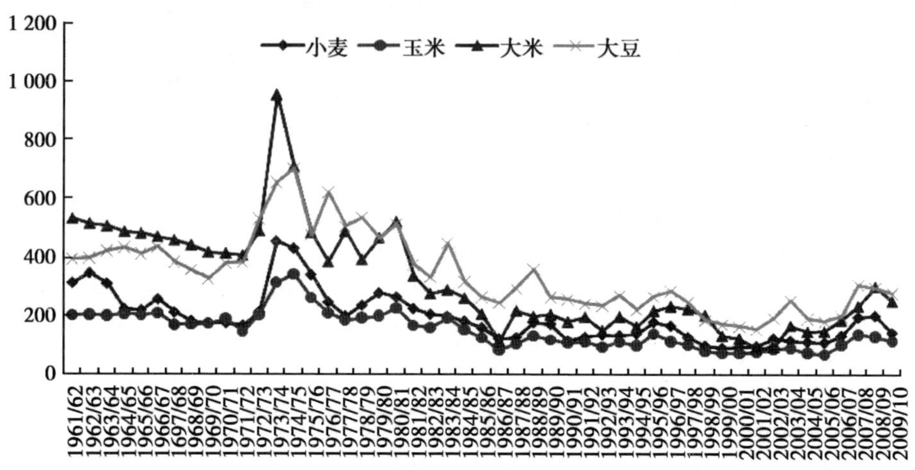

图 7－6　国际粮食实际价格的变动情况

数据来源：FAO 数据库。

工农收入差距的国家而言，让国际粮食价格保持在一定高度是比较合适的。中国粮食的价格要想保持一定高度需要国际市场的支撑，如果国际市场供大于求价格回落，国内粮食市场就会面临北美和澳洲低粮价的冲击。此时，进口关税配额管理制度就会起到本来的作用。此时，决不能因为关税配额制度没有起到作用就在某些集团的游说下取消或放松该政策。正确的做法是适当收紧该政策，既然配额利用率如此之低，争取缩小配额，以争取未来发生贸易争端时获取主动权。

7.3.4　有控制地发展燃料乙醇项目

中国燃料乙醇产业发展的动因是消耗因政策激励过度而引发的陈化粮，发展政策的扭转却源于国内粮食价格在国际涨价的大背景下出现明显上涨。可以肯定地说，国内粮食价格的上涨与燃料乙醇本身的发展没有直接的关系，即使按照 150 万吨的产能来计算，中国燃料乙醇产业所消耗的粮食不超过 500 万吨，占全国谷物总产量的 1%。如此小的规模对于粮食总供求关系不会产生明显的影响。虽然最近几年国内粮食价格持续上涨，谷物的产量也在增加，尤其是口粮小麦和稻谷的产量五年增加了约 4 000万吨，但粮食消费量却人均减少了 29 千克。我们不知道这增加的小麦和稻谷去了哪里？唯一可以解释的理由就是变成了库存。而目前关于库存的数据除了公布出来的和匡算的外，基本上是一个谜。因此，笔者有理由怀疑中国的小麦和稻谷存在大量剩余，具体数据仍有待考证。

2010年中国再次实现了粮食增产，这是粮食价格支持政策的作用结果。笔者认为只要粮食价格调控政策不改变，粮食价格持续保持上涨或稳定，中国的粮食产量即使不会增加也不会出现人为因素的减产。那么中国的粮食库存将会进一步增加。这些粮食将如何处理？会不会再次出现上世纪末的陈化粮问题？如果粮食价格调控政策是一项持久的政策，那么政府就很难精准地把握调控力度和粮食供求平衡之间的关系，粮食的暂时性过剩就必然会存在。当国内粮食价格高于国际市场价格时，除非实施出口补贴剩余的粮食将难以出口。此时，通过发展耗粮型的燃料乙醇产业几乎是最有现实意义的解决部分粮食过剩的手段。出了调控粮食供求关系之外，发展燃料乙醇也对中国跟踪国际生物技术前沿，探索应对后石化能源时代新技术的突破有着极强的战略意义。

目前的燃料乙醇行业基本上由国有企业垄断，鉴于国际原油价格与燃料乙醇之间存在的比价关系，没有政府的补贴燃料乙醇产业还难以商业化运作。中国的燃料乙醇产业锁定在特定的国有企业，相应的各项补贴只覆盖这几家公司。这对于控制发展节奏，降低燃料乙醇对粮食安全影响意义重大。在政府的有效控制下，发展燃料乙醇产业是可行的，发展规模是可控的，对于国内粮食市场的影响是可以预见的。

7.3.5 构建服务于国内粮食价格调控的全球战略

随着中国大豆进口规模的攀升，中国的力量在国际粮食市场也由其购买力得到了一定体现。作为国际社会的一员，中国的粮食安全保障离不开国际社会的支撑，同时中国的粮食价格调控政策既受制于国际市场又影响着国际市场。既然中国的粮食市场与国际市场存在着这种现实或潜在的联系，那么中国就可以利用这种联系构建一套服务于本国粮食安全政策和粮食市场价格调控政策的全球战略。

首先，是主动利用国际市场调控国内供求关系，并且利用自己的进口影响力应该全球粮食贸易格局。中国巨大的需求足以引导国际粮食生产和贸易格局，大豆就是一个已经存在的例子。在中国强劲的大豆油需求的诱致下，全球大豆播种面积十年间扩大36.5%，产量增加了44.2%。其中增产的7 082万吨大豆的68%被中国进口。未来可以考虑适当地、分阶段地、可控制地、按照国内粮食供给情况增加玉米等饲料粮的进口，并且建立稳定的进口渠道。进口的玉米不一定非要用于饲料，也可以进口玉米用于燃料乙醇的发展。亦可以直接进口燃料乙醇以推动国际粮食供求关系的变化，从而防止国际粮食价格过低影响国内粮食价格政策的执行。

其次，尝试利用粮食的援助功能解决部分粮食的过剩问题。粮食援助曾经是美欧等国解决本国粮食供给过剩的一个惯用手段。随着中国经济实力的增强，中国已经从主要受援国变成了备受期望的援助国。粮食援助存在很大弹性，不会形成持续的援助依赖关系。同时粮食援助也很受缺粮国政府和人民的欢迎。中国政府可以考虑将其列为外交工作的一项重点工作来抓。当然粮食援助不能对受援国的粮食市场造成负面冲击。

最后，作为世界最大的谷物生产国和消费国，中国的粮食安全状况必然受全球粮食安全状况的影响，相应地，中国的粮食安全战略应该有更为广阔的全球视角。全球粮食安全状况的改善，全球饥饿人口的减少将利于中国粮食国际获取能力的增强，因此扎扎实实地做好农业发展援助，帮助缺粮国提高粮食自给率也应该是中国粮食安全国际战略的内容之一。在对非洲国家的援助方面，中国已经有了几十年的积累，这为将来的工作打好了政治和感情基础。随着中国经济实力的增长，欠发达国家对中国提供发展援助的预期日益提高，国内企业的海外投资需求也日益增加，我们应该将发展援助和海外投资结合起来，以增强援助的可持续性。具有弹性的粮食援助政策可以作为中国调节国内粮食市场的手段之一。与海外农业投资和粮食援助结合起来，可使得农业援助更富有弹性和生命力。

7.4 小　结

粮食价格调控政策是有代价的，这一点毋庸置疑。但是任何政策都会有代价，不采取任何政策同样也存在代价，毕竟不选择也是一种选择。不过政府实施粮食价格调控政策的最根本依据不在于这种选择会不会导致最小的福利损失，而在于能否以可持续的财政支出来实现稳定粮食价格的目标。社会管理的依据或许并不是经济学上的最优化原则，而是管理学意义上的满意原则。中国粮食价格调控政策的肯定面临一定的问题和挑战，但各种约束显示价格调控还是中国目前和未来一段时间必须采取的措施。在可能的范围内中国的粮食价格调控政策必须做出一定的调整。本文所指出的调整内容仅是对前文分析的回应。笔者相信，政策本身的问题还会有很多，这些内容并没有纳入本文的讨论范围，这还需要对政策本身运行的一些深层次问题的研究。

第8章 研究结论与展望

8.1 研究结论

对粮食价格的管理应该是一个十分久远的社会管理问题。通过梳理粮食政策的历史沿革过程我们可以发现，尽管社会形态和文明程度发生了很大变化，可人们所面临的粮食问题和社会管理者所面临的粮食市场管理问题并没有发生实质性的变化。更有意思的是，虽然人们对于经济规律的认识能力已经有了巨大提高，但我们解决粮食问题，尤其是处理粮食市场问题的方法改进程度要远远落后于人们对经济规律认识能力的提高幅度。无论是利用储备调控供求，还是打击市场投机，或进行直接的价格干预，古今中外的政策手段都显得十分相似。粮食问题，这个最古老、最原始、最基础而又最重要的问题一直都没有发生多少根本性的改变。以上文字的描述可以归结为一句话：粮食问题，包括粮食市场价格问题是一个永恒的问题，具有长久的研究价值。

粮食价格调控是政府应对市场配置资源失灵问题的重要手段，其基本的经济环境就是粮食的市场化。本文所讨论的政策都是2004年以后最终形成的政策。之所以要研究中国粮食价格调控政策的经济效应主要是想系统地考察一下政策实施的最终效果。目前来看，学术界对于这些问题的讨论仍显得不够深入和全面，这为本文的研究留有了一定的发挥空间。本书主要围绕粮食价格调控政策的四个政策工具的有效性展开分析，着重考察政策变量和市场价格之间的关系。

全文所进行的工作和得出的结论可以归纳以下几个方面。

系统梳理中国历史上的粮食政策的演变历程，具体分析建国以后的粮食政策改革的历史逻辑，在此基础上讨论了2004年以后的粮食价格调控体系。通过这些讨论可以发现中国的粮食价格调控政策工具具有历史上的传承性。通过分析全球粮食危机暴发期间中国和国际市场粮食价格的变动差异对中国粮食价格调控政策进行了简单的判断。讨论了粮食价格的决定因素问题，并且分析了影响粮食价格变动的各个环节。

对于粮食最低收购价（包括临储）政策是不是起到了托市效应，本文采用了两种讨论方法。双差分模型分析方法显示，小麦、早籼稻、晚籼稻、粳稻和食品业用大豆的最低收购价政策地区提高了政策实施区的市场价格，起到了托市效果。油脂业用大豆和玉米则没有通过假设检验，即政策效应不明显。紧接着的面板数据模型讨论了政策虚拟变量的回归系数的符号问题，回归结果显示小麦早籼稻、晚籼稻、食品业用大豆和玉米的价格支持政策不仅提高了政策实施区的价格，而且提高了全国价格。而油脂业用大豆的价格支持政策虽然提高了政策实施区的市场价格，但却拉低了全国的平均价格。

政策粮的拍卖对市场价格的影响是不是显著就决定了该政策的效果问题。DID 分析的结果对小麦拍卖的政策效果予以了明确的支持，但对籼稻拍卖的政策效果的评价较为复杂。从小麦和籼稻拍卖情况的比较看，政策效果明显与否与拍卖的规模有很大关系。在 2010 年，籼稻的拍卖规模大幅提高，其政策效果也明显地得到了实证研究支持。通过拍卖相关数据和市场价格数据之间的关系的分析，可以发现拍卖价格和市场价格之间存在长期均衡关系。同时，计划拍卖规模的变化对市场价格的变化具有明显的解释力。脉冲响应分析方法对这种解释力的存在形式做了较好的描述。

粮食进口的关税配额制度是加入 WTO 时争取的用来保护国内粮食产业免受进口粮食冲击的一项政策，但是从近些年的执行情况看，谷物的平均使用率仅有 10. 15% 。尽管中国的谷物进出口规模较小，但其对国内市场的影响是客观存在的。粮食出口限制措施对国内粮食价格的影响是明显的。

燃料乙醇的发展是推动国际粮食价格上涨的重要因素，但中国燃料乙醇的发展对中国市场的粮价影响应该是微乎其微的。通过数理经济模型的简单分析可以发现只要政府可以控制燃料乙醇的发展规模，就可以将其作为调控粮食市场价格的工具。通过燃料乙醇发展对农业结构的影响可以发现燃料乙醇可以起到推动农业发展的作用。

粮食价格调控政策是有其代价的，这不仅包括政府干预带来的社会福利损失，而且还包括现实中的财政支出。但是尽管如此，要想放弃或者改变粮食价格调控政策几乎也是不可能的，唯一可行的处理方式就是尽量去完善现有的政策，以便用可承受的财政支出实现多种目标之间的均衡。

8. 2 研究展望

由于能力、时间和数据可获得性的限制，本文所讨论的问题仅限于对几个政策工具的简单评价，对于一些细致的问题和一些深层次的问题讨论不够。总的来看，笔者认为值得研究而没有研究或研究不够深入的问题包括以下几个方面。

粮食价格调控政策各个执行、参与和作用主体的行为、相互关系及其对政策效果的影响。目前关于国有粮食企业的研究已经很多，但是对于粮食价格调控政策体系下的中储粮系统企业、国有粮食加工企业和非国有化企业的讨论仍没有引起足够重视。笔者认为对于这些问题的讨论应该是研究中国粮食政策的核心工作之一。关于农户对粮食政策的反映的研究也有不少，但由于新政策体系刚实施几年，相应的考察农户行为所需的时序数据在获取上存在一定难度。农户的行为直接影响着粮食价格调控政策实施的最终结果和长期结果。对该问题的研究十分有必要。

本文对一些具体政策工具的现实执行中出现的具体问题讨论仍不够深入。一项政策在执行过程中必然会出现一些具体的影响政策效率的问题，对这些问题的把握的研究需要对政策实施的现实情况有着直接的感知和体会。显然这是笔者所缺乏的。笔者相信，该问题会成为未来粮食价格调控政策研究的一个热点问题。

政策执行的效果评价需要一系列具体的数据，本书可以获得的最为全面的数据还是价格数据，但直接反应政策的数据，如连续的粮食收购量日数据或周数据、各个地区的粮食投放规模日数据或周数据、进口实时数据、粮食的实际库存数据等都无法获得，这使得本文研究方法的运用显得比较单调。

政府的价格行政干预对市场价格的影响应该十分明显，但限于该问题的复杂性，本文未敢涉猎。不过，该问题应该有着很强的现实意义和理论意义，应该引起学界重视。

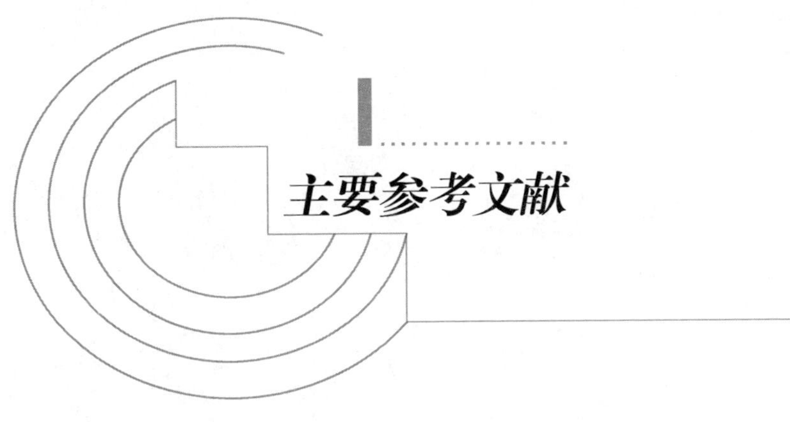

主要参考文献

班固（汉）. 2000. 汉书［M］. 杭州：浙江古籍出版社.

薄一波. 1997. 诺干历史决策与事实的回顾（修订版）［M］. 北京：人民出版社.

常清，秦云龙. 2007. 国家小麦储备与小麦价格变动关系分析［J］. 价格理论与实践（1）：22－23.

陈洁，张照新，徐欣. 2007. 河南省小麦最低收购价政策调查报告［J］. 调研世界（11）：32－34，40.

陈云. 1984. 陈云文选（1949—1956）［M］. 北京：人民出版社.

董全海. 2000. 中国的粮食市场：波动与调控［M］. 北京：中国物价出版社.

封志明，赵霞，杨艳昭. 2010. 近 50 年全球粮食贸易的时空格局与地域差异［J］. 资源科学，32（1）：2－10.

高铁生，安毅. 2009. 世界粮食危机的深层原因、影响及启示［J］. 中国流通经济（8）：9－12.

高小蒙，向宁. 1992. 中国农业价格政策分析［M］. 杭州：浙江人民出版社.

国家粮食局. 2002. 粮食流通基本知识读本［M］. 北京：中国物价出版社.

贺军. 2006. 市场化粮食流通长效机制研究［M］. 北京：中国财政经济出版社.

贺伟. 2010. 中国粮食最低收购价政策的现状、问题及完善对策［J］. 宏观经济研究（10）：34－45.

胡小平. 1999. 粮食价格与粮食储备的宏观调控［J］. 经济研究（2）：49－55.

黄季焜，Scott，等. 2002. 从农产品价格保护程度和市场整合看入世对中国农业的影响［J］. 管理世界（9）：84－94.

黄季焜，杨军，等. 2009. 本轮粮食价格的大起大落：主要原因及未来走势［J］. 管理世界（1）：72－78.

蒋乃华. 1998. 价格因素对中国粮食生产影响的实证分析［J］. 中国农村观察（5）：14－20.

金和辉. 1990. 计划、市场和中国农户粮食的供给反映［J］. 经济研究（9）：62－68.

柯炳生. 1995. 中国粮食市场与政策［M］. 北京：中国农业出版社.

刘向（汉）. 2009. 说苑译注［M］. 北京：北京大学出版社.

李经谋. 2010. 2009 中国粮食市场发展报告［M］. 北京：中国财政经济出版社.

李先德，王士海. 2009. 国际粮食市场波动对中国的影响及政策思考［J］. 农业经济问题（9）：9－15.

隆国强. 1999. 大国开放中的粮食流通［M］. 北京：中国发展出版社.

马九杰，张传宗. 2002. 中国粮食储备规模模拟优化与政策分析［J］. 管理世界（9）：95－105.

马晓河，蓝海涛，等. 2009. 中国粮食综合生产能力与粮食安全［M］. 北京：经济科学出版社.

苗齐，钟甫宁. 2006. 我国粮食储备规模的变动及其对供应和价格的影响［J］. 农业经济问题（11）：9－14.

农业部市场与经济司课题组. 中国农产品市场调研报告［M］. 北京：北京出版社，2009.

钱玄注（译）. 2001. 周礼［M］. 长沙：岳麓书社.

秦富，王秀清，等. 国外农业支持政策［M］. 北京：中国农业出版社，2003.

商业部当代中国粮食工作编辑部. 1988. 当代中国粮食工作史料［G］. 北京：商务部.

施勇杰. 2007. 新形势下中国粮食最低收购价政策探析［J］. 农业经济问题（6）：76－79.

司马迁（汉）. 2007. 史记［M］. 天津：天津古籍出版.

宋国友. 2008. 世界粮食危机对中国的启示［J］. 学习月刊（6）：39－40.

宋廷明. 2008. 世界粮食危机给我们的启迪和警示［J］. 中国粮食经济（7）：9－11.

孙娅范，余海鹏. 1999. 价格对中国粮食生产的因果关系及影响程度分析［J］. 农业技术经济（2）：36－38.

王德文，黄季焜. 2001. 双轨制度下中国农户粮食供给反应分析［J］. 经济研究（12）：55－65.

王宏广. 2005. 中国粮食安全研究［M］. 北京：中国农业出版社.

王建，陆文聪. 2006. 市场化、国际化背景下粮食安全分析及对策研究［M］. 杭州：浙江大学出版社.

吴方卫，沈亚芳，张锦华，等.2009.生物燃料乙醇发展对中国粮食安全的影响分析——基于“与粮争地”的视角［J］.农业技术经济（1）：21－29.

严瑞珍，程漱兰.2001.经济全球化与中国粮食问题［M］.北京：中国人民大学出版社.

杨德才.2004.中国经济新史［M］.北京：经济科学出版社.

仰炬，王新奎，耿洪洲.2008.我国粮食市场政府管制有效性：基于小麦的实证研究［J］.经济研究（8）：42－50.

张锦华.2008.生物质能源发展会带来中国粮食安全问题吗？［J］.中国农村经济（4）：4－15.

张晓涛，王扬.2009.大国粮食问题：中国粮食政策演变与食品安全监管［M］.北京：经济管理出版社.

赵发生.1988.当代中国的粮食工作［M］.北京：中国社会科学出版社.

郑毓盛，陈文鸿.1993.中国农业生产在双轨制下的价格反应［J］.经济研究（1）：16－25.

钟甫宁.2011.粮食储备和价格控制能否稳定粮食市场？—世界粮食危机的若干启示［J］.南京农业大学学报（社会科学版）（2）：20－26.

周黎安，陈烨.2005.中国农村税费改革的政策效果：基于双重差分模型估计［J］.经济研究（8）：44－53.

宗义湘.2007.加入WTO前后中国农业政策演变及效果［M］.北京：中国农业科学技术出版社.

A. J. RAYNER，G. V. REED. 1978. Domestic price stabilisation，trade restrictions and buffer stock policy：A theoretical policy analysis with reference to EEC agriculture［J］. European Review of Agricultural Economics，5（2）：101－118.

Alexander H. Sarris，John Freebairn. 1983. Endogenous Price Policies and International Wheat Prices［J］. American Journal of Agricultural Economics，65（2）214－224.

Arzac，E. R. 1979. An econometric evaluation of stabilization policies for the U. S. grain market［J］. WesternJournal of Agricultural Economics，1979（4）：9－22.

Azar，C.，Larson，E. D. 2000. Bioenergy and land-use competition in Northeast Brazil［J］. Energy for Sustainable Development，IV（3）：

64 –71.

B. Ramaswami, P. Balakrishnan. 2002. Food prices and the efficiency of public intervention: the case of the public distribution system in India [J]. Food Policy, 27 (5 –6): 419 –436.

Baily, W. R., F. A. Kutish, A. S. Rojko. 1974. Grain Stock Issues and Alternatives [R]. Wsshington, D. C: Econ. Res. Serv., USDA.

Banse, M., van Meijl, H., Tabeau, A. et al. 2008. The impact of biofuel policies on global agricultural production, trade and land use [R]. Background paper for the FAO Expert Meeting on Bioenergy Policy, Markets and Trade and Food Security, 18 –20 February 2008. Rome: FAO.

Brain Wright, CarloCafiero. 2011. Grain Reserves and Food Security in MENA Countries [J]. Food Security, 2011 (3): 61 –76.

Brennan, D, Jeffrey C. Williams, 1982. The Roles of Public and Private Storage in Managing Oil Import Disruptions [J]. Bell Journal of Economics, The RAND Corporation, 13 (2): 341 –353.

Brennan, D. 2003. Price dynamics in the Bangladesh rice market: implications for public intervention [J]. Agricultural Economics, 2003 (29): 15 –25.

Casley, D. J., Simaika, J. B., Sinha, R. P. 1974. Instability of Production and Its Impact on Stock Requirements. [J]. Monthly Bulletin of Agricultural Economics and Statistics, 1974 (23): 1 –8.

David Bigman, Shlomo Reutlinger. 1979. Food Price and Supply Stabilization: National Buffer Stocks and Trade Policies [J]. American Journal of Agricultural Economics, 61 (4): 657 –667.

Dawe, D. 2009. The unimportance of low world grain stocks for recent world priceincreases [R]. Rome: FAO.

Deaton, A., G. Laroque. 1992. On the Behaviour of Commodity Prices [J]. Review of Economic Studies, 1992 (59): 1 –23.

Donna Brennan. 2003. Price dynamics in the Bangladesh rice market: implications for public intervention [J]. Agricultural Economics, 29 (1): 15 –25.

Edwards, R., Hallwood, C. P. 1980. The Determination of Optimum Buffer Stock Intervention Rules [J]. The Quarterly Journal of Economics, 94

(1): 151 –166.

Fischer, G.. 2008. Implications for land use change. Paper presented at the Expert Meeting on Global Perspectives on Fuel and Food Security [R]. 18 –20 February 2008. Rome: FAO.

G. Athanasioua, I. Karafyllisb and S. Kotsiosa. 2008. Price stabilization using buffer stocks [J]. Journal of Economic Dynamics & Control, 2008 (32): 1212 –1235.

Gustafson, R. L. 1958. Carryover Levels for Grains [R]. Washington D. C.: USDA, Technical bulletin 1178.

IFPRI. 2008. High Food Prices: The What, Who, and How of Proposed Policy Actions [R]. Washington, DC.: IFPRI.

Ivanic, M., W. Martin. 2008. Implications of Higher Global Food Prices for Poverty in Low-Income Countries. Washington, DC.: World Bank.

Jayne, T. S., Myers, R. J., Nyoro, J. 2008. The Effects of NCPB Marketing Policies on Maize Market Prices in Kenya [J]. Agricultural Economics, 38 (3): 313 –325.

Johnson, D. G.. 1975. World Agriculture, Commodity Policy and Price Variability [J]. American Journal of Agricultural Economics, 57 (5): 823 –828.

Konandreas, Panos A, and Schmitz, Andrew. 1978. Welfare Implications of Grain Price Stabilization: Some Empirical Evidence for the United States [J]. American Journal of Agricultural Economics, 60 (February, 1978): 74 –84.

Labys, Walter C. 1973. Dynamic Commodity Models: Specification, Estimation, and Simulation. Lexington Books, D. C. Heath and Company, Lexington, Massachusetts.

Matheson, R.; Clark, J. S. and Klein, K. K.. 1994. Do Price Stabilisation Schemes Contribute to Stability? Some Counter-factual Evidence from the Canadian Barley Market [J]. European Review of Agricultural Econmoics, 22 (1): 25 –39.

Miranda, J. M., Helmberger, P.. 1988. The effects of commodity price stabilization programs [J]. The American Economic Review 78, 46 –58

Mitchell, D. 2008. A Note on Rising Food Prices [R]. Washington, DC.:

The World Bank.

Naylor, R., Liska, A. J., Burke, M. B., Falcon, W. P., Gaskell, J. C., Rozelle, S. D. & Cassman, K. G. 2007. The ripple effect: biofuels, food security, and the environment [J]. Environment, 49 (9): 31-43.

Newbery, D. M. G., Stiglitz, J. E. 1979. The Theory of Commodity Price Stabilisation Rules: Welfare Impacts and Supply Responses [J]. The Economic Journal, 89 (356): 799-817.

Newbery, M. D., Stiglitz, E. J.. 1981. The Theory of Commodity Price Stabilization: Study in theEconomics of Risk [M]. Oxford: Oxford University Press.

Paul A. Dorosh. 2009. Price stabilization, international trade and national cereal stocks: world price shocks and policy response in South Asia [J]. Food Security, 2009 (1): 137-149.

Phillips, Richard, Orlo Sorenson. 1978. Food Grain Reserve in Developing Countries [R]. Food and Feed Grain Institute, Kansas State University, Special Report.

Pinckney, T. C.. 1993. Is Market Liberalization Compatible with Food Security? Storage, Trade and Price Policies for Maize in Southern Africa [J]. Food Policy, 18 (4): 325-333.

R. Cummings Jr, S. Rashid and Gulati. 2006. Grain price stabilization experiences in Asia: What have we learned [J]. Food Policy, 2006 (31): 302-312.

Rayner, A. J. and Reed, G. V.. 1978. Domestic Price Stabilisation, Trade Restrictions and Buffer Stock Policy: A Theoretical Policy Analysis with Reference to EEC Agriculture [J]. European Review of Agricultural Economics, 5 (2): 101-118,

Roache, S. K.. 2010. What Explains the Rise in Food Price Volatility [R]? IMF Working Papers 10/129, Washington D. C.: International Monetary Fund.

Robert Matheson, J. Steohen Clark, K. K. Klein. 1994. Do price stabilisation schemes contribute to stability? Some counter-factual evidence from the Canadian barley market [J]. European Review of Agricultural Econmoics, 22 (1): 25 - 39.

Rojko, Anthony S. 1975. The Economics of Food Reserve Systems [J]. American Journal of Agricultural Economics, 1975 (57) 866 - 872.

Searchinger T. 2008. The impacts of biofuels on greenhouse gases: how land use change alters the equation. Policy Brief [R]. Washington, DC.: The German Marshall Fund of the United States.

Shikha Jha, Srinivasan, P. V.. 1999. Grain price stabilization in India: Evaluation of policy alternatives [J]. Agricultural Economics, Blackwell, vol. 21 (1): 93 - 108.

Steve Martinez and Jerry Sharpl es. 1991. Global Grain Stocks and World Market Stability Revisited [R]. Washington D. C.: USDA.

Stigler, M. and Prakash, A. 2011. The role of low stocks in generating volatility and panic. In: Prakash, A. (ed.). Safeguarding food security in volatile global markets [C]. Rome: FAO.

T. S. Jayne, Robert J. Myers, James Nyoro. 2008. The effects of NCPB marketing policies on maize market prices in Kenya [J]. Agricultural Economics, 38 (3): 313 - 325.

Thomas C. Pinckney. 1993. Is market liberalization compatible with food security?: Storage, trade and price policies for maize in Southern Africa [J]. Food Policy, 18 (4): 325 - 333.

USDA. 2007. China, Peoples Republic of Bio-Fuels Annual 2007 [R]. Washington, DC.: USDA.

USDA. 2008. Corn and soybean projections under alternative biofuel policy assumptions [R]. Washington, DC.: USDA.

Von Braun, J. and M. Torero. 2009. Implementing Physical and Virtual Food Reserves to Protect the Poor and Prevent Market Failure [R]. Washington, DC.: IFPRI.

W. Sutopo, S. NurBahagia, A. Cakravastia and TMA. Arisamadhi. 2009. A Dynamic Buffer Stocks Model for Stabilizing Price of Staple Food with Volatility Target [J]. International Journal of Logistics and Transport, 3 (2): 149 - 160.

Walker, Rodney, L., and Sharples, Jerry. 1975. Reserve Stocks of Grain: A Review of Research [R]. Washington, DC.: USDA.

Walter Oi. 1961. The Desirability of Price Instability Under Perfect Competition [J]. Econometrica, 1961 (29): 59 - 64.

Waugh F.. 1944. Does the Consumer Benefit from Price Instability [J]? QuarterlyJournal of Economics, 1944 (58): 602 - 614.

Westcott, P.. 2007. Ethanol expansion in the United States: how will the agricultural sector adjust [R]? Washington, DC.: Economic Research Service, USDA.